EBS

 EBS
초등
인터넷·모바일·TV
무료 강의 제공

KB214045

초│등│부│터 EBS

예습, 복습, 숙제까지 해결되는

교과서 완전 학습서

# 만점왕

BOOK 1
개념책

수학 2-1

## BOOK 1

# 개념책

**BOOK 1 개념책**으로
교과서에 담긴 **학습 개념**을
꼼꼼하게 공부하세요!

⬇ 풀이책은 EBS 초등사이트(primary.ebs.co.kr)에서 다운로드 받으실 수 있습니다.

**교 재
내 용
문 의** 교재 내용 문의는 EBS 초등사이트
(primary.ebs.co.kr)의 교재 Q&A
서비스를 활용하시기 바랍니다.

**교 재
정오표
공 지** 발행 이후 발견된 정오 사항을 EBS 초등사이트
정오표 코너에서 알려 드립니다.
교재 검색 ▶ 교재 선택 ▶ 정오표

**교 재
정 정
신 청** 공지된 정오 내용 외에 발견된 정오 사항이
있다면 EBS 초등사이트를 통해 알려 주세요.
교재 검색 ▶ 교재 선택 ▶ 교재 Q&A

# 만점왕

수학 2-1

# 이 책의 구성과 특징

## BOOK 1 개념책

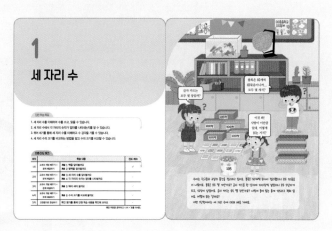

### 단원 도입

단원을 시작할 때마다 도입 그림을 눈으로 확인하며 안내 글을 읽으면, 공부할 내용에 대해 흥미를 갖게 됩니다.

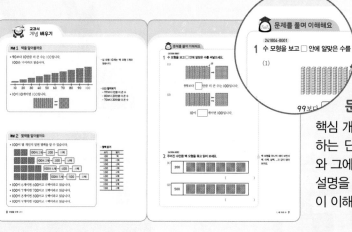

### 교과서 개념 배우기

본격적인 학습에 돌입하는 단계입니다. 자세한 개념 설명과 그림으로 제시한 예시를 통해 핵심 개념을 분명하게 파악할 수 있습니다.

### 문제를 풀며 이해해요

핵심 개념을 심층적으로 학습하는 단계입니다. 개념 문제와 그에 대한 출제 의도, 보조 설명을 통해 개념을 보다 깊이 이해할 수 있습니다.

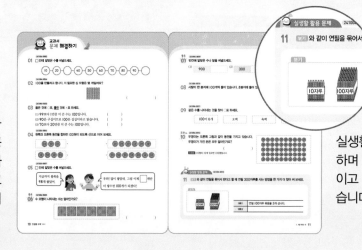

### 교과서 문제 해결하기

교과서 핵심 집중 탐구로 공부한 내용을 문제를 통해 하나하나 꼼꼼하게 살펴보며 교과서에 담긴 내용을 빈틈없이 학습할 수 있습니다.

### 실생활 활용 문제

실생활 속 문제 상황을 해결하며 수학에 대한 흥미를 높이고 그 필요성을 느낄 수 있습니다.

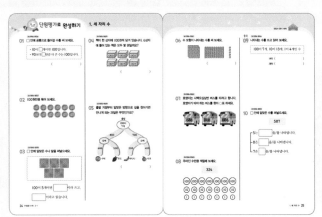

## 단원평가로 완성하기

평가를 통해 단원 학습을 마무리
하고, 자신이 보완해야 할 점을
파악할 수 있습니다.

## BOOK 2
## 실전책

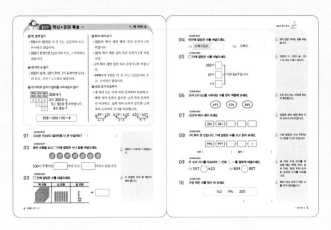

## 핵심 + 문제 복습

핵심 정리와 문제를 통해
학습한 내용을 복습하고,
자신의 학습 상태를 확인
할 수 있습니다.

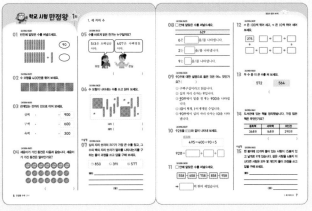

## 학교 시험 만점왕

앞서 학습한 내용을 바탕
으로 보다 다양한 문제를
경험하며 단원별 평가를
대비할 수 있습니다.

학습 진도표에 붙임딱지를 붙여 학습 상황을 한눈에 확인할 수 있습니다.

# 자기주도 활용 방법

## BOOK 1 개념책

### 평상 시 진도 공부는

**교재(북1 개념책)로 공부하기**

만점왕 북1 개념책으로 진도에 따라 공부해 보세요.

개념책에는 학습 개념이 자세히 설명되어 있어요.

따라서 학교 진도에 맞춰 만점왕을 풀어 보면

혼자서도 쉽게 공부할 수 있습니다.

### TV(인터넷) 강의로 공부하기

개념책으로 혼자 공부했는데, 잘 모르는 부분이 있나요?

더 알고 싶은 부분도 있다고요?

**만점왕 강의**가 있으니 걱정 마세요.

만점왕 강의는 TV를 통해 방송됩니다.

방송 강의를 보지 못했거나 다시 듣고 싶은 부분이 있다면

인터넷(EBS 초등사이트)을 이용하면 됩니다.

이 부분은 잘 모르겠으니 인터넷으로 다시 봐야겠어.

만점왕 방송 시간: EBS홈페이지 편성표 참조

EBS 초등사이트: primary.ebs.co.kr

**시험 대비 공부는 북2 실전책으로! (북2 2쪽 자기주도 활용 방법을 읽어 보세요.)**

이 책의 **차례**

BOOK **1**

개념책

**인공지능 DANCHOQ
푸리봇 문|제|검|색**

EBS 초등사이트와 EBS 초등 APP 하단의
AI 학습도우미 푸리봇을 통해 문항코드를
검색하면 푸리봇이 해당 문제의 해설 강의를
찾아 줍니다.

문제별 문항코드 확인

[ 241004-0001 ]

1. 아래 그래프를 이해한 내용으로 가장 적절한 것은?

241004-0001

문항코드 검색

# 1

# 세 자리 수

수아는 친구들과 교실의 물건을 정리하고 있어요. 블록은 10개씩 모아서 정리했더니 모두 10묶음이 나왔어요. 블록은 모두 몇 개인가요? 글자 카드를 한 상자에 100장씩 넣었더니 모두 5상자가 되고, 12장이 남았어요. 글자 카드는 모두 몇 장인가요? 사탕이 들어 있는 통에 135라고 적혀 있어요. 어떻게 읽는 걸까요?

이번 1단원에서는 세 자리 수에 대해 배울 거예요.

## 개념 1 백을 알아볼까요

- 90보다 10만큼 더 큰 수는 100입니다.
  100은 백이라고 읽습니다.

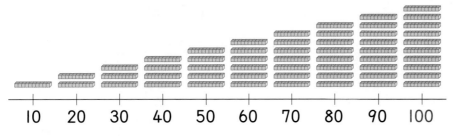

- 10이 10개이면 100입니다.

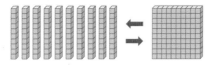

- 십 모형 10개는 백 모형 1개와 같습니다.

- **100 알아보기**
  - 99보다 1만큼 더 큰 수
  - 80보다 20만큼 더 큰 수
  - 70보다 30만큼 더 큰 수

## 개념 2 몇백을 알아볼까요

- 100이 몇 개인지 알면 몇백을 알 수 있습니다.

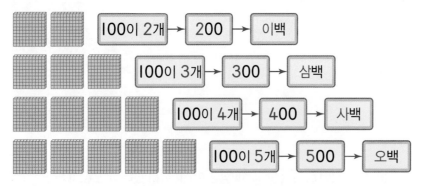

- 100이 6개이면 600이고 육백이라고 읽습니다.
- 100이 7개이면 700이고 칠백이라고 읽습니다.
- 100이 8개이면 800이고 팔백이라고 읽습니다.
- 100이 9개이면 900이고 구백이라고 읽습니다.

- **몇백 읽기**

| 쓰기 | 읽기 |
|------|------|
| 100 | 백 |
| 200 | 이백 |
| 300 | 삼백 |
| 400 | 사백 |
| 500 | 오백 |
| 600 | 육백 |
| 700 | 칠백 |
| 800 | 팔백 |
| 900 | 구백 |

**문제를 풀며 이해해요**

241004-0001

**1** 수 모형을 보고 ☐ 안에 알맞은 수를 써넣으세요.

(1)
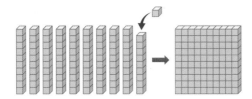

99보다 ☐ 만큼 더 큰 수는 100입니다.

(2)
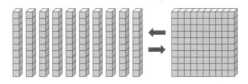

10이 ☐ 개이면 100입니다.

 백과 몇백의 의미를 알고 바르게 읽고 쓸 수 있는지 묻는 문제예요.

241004-0002

**2** 주어진 수만큼 백 모형을 묶고 읽어 보세요.

(1) 200

( )

(2) 500

( )

백 모형을 하나씩 세어 보면서 백, 이백, 삼백, ...과 같이 읽어 보아요.

1. 세 자리 수 **9**

241004-0003

**01** □ 안에 알맞은 수를 써넣으세요.

10 — 20 — ( ) — 40 — 50 — 60 — 70 — 80 — 90 — ( )

241004-0004

**02** 100을 만들려고 합니다. 더 필요한 십 모형은 몇 개일까요?

(                    )

241004-0005

**03** 옳은 것에 ○표, 틀린 것에 ×표 하세요.

(1) 99보다 1만큼 더 큰 수는 100입니다.　　　　(　　　　)

(2) 90은 구십이므로 100은 십십이라고 읽습니다.　(　　　　)

(3) 70보다 20만큼 더 큰 수는 100입니다.　　　　(　　　　)

241004-0006

**04** 왼쪽과 오른쪽 동전을 합하면 100원이 되도록 선으로 이어 보세요.

241004-0007

**05** □ 안에 알맞은 수를 써넣으세요.

지금까지 블록을 98개 쌓았어.

우와! 많이 쌓았네. 그럼 이제 □ 개만 더 쌓으면 100개가 되겠다!

중요 241004-0008

**06** 수 모형이 나타내는 수는 얼마인가요?

(                    )

**중요**
**07** 241004-0009
빈칸에 알맞은 수나 말을 써넣으세요.

(1) | 900 | |

(2) | 300 | |

(3) | | 칠백 |

**08** 241004-0010
사탕이 한 봉지에 100개씩 들어 있습니다. 8봉지에 들어 있는 사탕은 모두 몇 개일까요?

( )

**09** 241004-0011
같은 수를 나타내는 것을 찾아 ○표 하세요.

| 100이 6개 | 오백 | 육백 | 100이 7개 |

**도전**
**10** 241004-0012
우영이는 오른쪽 그림과 같이 동전을 가지고 있습니다. 우영이가 가진 돈은 모두 얼마인가요?

( )

**도움말** 10원이 10개 있으면 100원입니다.

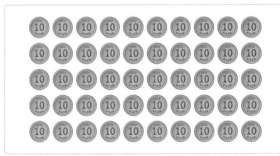

 **실생활 활용 문제** 241004-0013

**11** **보기** 와 같이 연필을 묶어서 판다고 할 때 연필 300자루를 사는 방법을 한 가지 더 찾아 써 보세요.

**보기**

10자루    100자루

| 방법 1 | 연필 100자루 묶음을 3개 삽니다. |
| 방법 2 | |

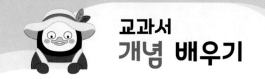

## 개념 3  세 자리 수를 알아볼까요

| 백 모형 | 십 모형 | 일 모형 |
|:---:|:---:|:---:|
| | | |
| 100이 2개 | 10이 6개 | 1이 5개 |

• 100이 2개, 10이 6개, 1이 5개이면 265입니다.

• 265는 이백육십오라고 읽습니다.

• 자리의 숫자가 1 또는 0인 세 자리 수 읽기

- 315 ┌ 삼백일십오 (×)
      └ 삼백십오 (○)

- 908 ┌ 구백영팔 (×)
      └ 구백팔 (○)

## 개념 4  각 자리의 숫자는 얼마를 나타낼까요

• 숫자가 같더라도 어느 자리에 있는지에 따라 나타내는 값이 달라집니다.

| 백의 자리 | 십의 자리 | 일의 자리 |
|:---:|:---:|:---:|
| 4 | 6 | 3 |

⬇

| 4 | 0 | 0 |
|:---:|:---:|:---:|
| | 6 | 0 |
| | | 3 |

┌ 4는 백의 자리 숫자이고, 400을 나타냅니다.
├ 6은 십의 자리 숫자이고, 60을 나타냅니다.
└ 3은 일의 자리 숫자이고, 3을 나타냅니다.

• 세 자리 수를 (몇백)+(몇십)+(몇)으로 나타낼 수 있습니다.

$$457 = 400 + 50 + 7$$
$$190 = 100 + 90 + 0$$
$$208 = 200 + 0 + 8$$

• **숫자가 나타내는 값**
333 ➡ 300
333 ➡ 30
333 ➡ 3

**문제를 풀며 이해해요**

241004-0014

**1** ☐ 안에 알맞은 수나 말을 써넣으세요.

세 자리 수를 100이 몇 개, 10이 몇 개, 1이 몇 개인 수로 나타낼 수 있는지 묻는 문제예요.

| 백 모형 | 십 모형 | 일 모형 |
|---|---|---|
| | | |
| 100이 ☐ 개 | 10이 ☐ 개 | 1이 ☐ 개 |

☐ 이라 쓰고 ☐ 이라고 읽습니다.

241004-0015

**2** 243을 동전 모형으로 나타낸 것입니다. ☐ 안에 알맞은 수나 말을 써넣으세요.

세 자리 수에서 각 자리의 숫자가 얼마를 나타내는지를 알고 있는지 묻는 문제예요.

(1) 243에서 2는 ☐ 의 자리 숫자이고 ☐ 을/를 나타냅니다.

(2) 243에서 4는 ☐ 의 자리 숫자이고 ☐ 을/를 나타냅니다.

(3) 243에서 3은 ☐ 의 자리 숫자이고 ☐ 을/를 나타냅니다.

(4) 243 = ☐ + 40 + ☐

[01~03] 종이가 100장씩 또는 10장씩 묶어져 있습니다. 물음에 답하세요.

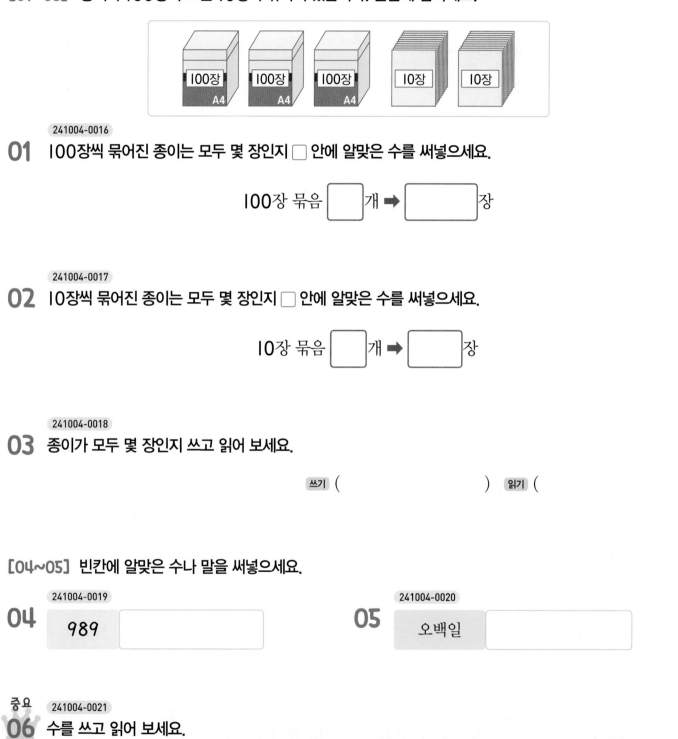

241004-0016
**01** 100장씩 묶어진 종이는 모두 몇 장인지 ☐ 안에 알맞은 수를 써넣으세요.

$$100장 \ 묶음 \ \boxed{\phantom{0}}개 \ \Rightarrow \ \boxed{\phantom{0000}}장$$

241004-0017
**02** 10장씩 묶어진 종이는 모두 몇 장인지 ☐ 안에 알맞은 수를 써넣으세요.

$$10장 \ 묶음 \ \boxed{\phantom{0}}개 \ \Rightarrow \ \boxed{\phantom{0000}}장$$

241004-0018
**03** 종이가 모두 몇 장인지 쓰고 읽어 보세요.

쓰기 (         )    읽기 (         )

[04~05] 빈칸에 알맞은 수나 말을 써넣으세요.

241004-0019
**04** | 989 | |

241004-0020
**05** | 오백일 | |

중요
241004-0021
**06** 수를 쓰고 읽어 보세요.

100이 7개, 10이 4개, 1이 5개인 수

쓰기 (         )    읽기 (         )

중요
**01** 보기와 같이 나타내려고 합니다. □ 안에 알맞은 수를 써넣으세요.

241004-0022

보기
$$629 = 600 + 20 + 9$$

$963 = \boxed{\phantom{000}} + \boxed{\phantom{00}} + \boxed{\phantom{0}}$

[08~09] 밑줄 친 숫자는 얼마를 나타내는지 써 보세요.

241004-0023
**08**    7̲45

(                    )

241004-0024
**09**    61̲7

(                    )

도전
**10** 바둑돌 437개를 보기와 같은 기호로 나타내 보세요.

241004-0025

보기
바둑돌 100개 ➡ □
바둑돌 10개 ➡ ♡
바둑돌 1개 ➡ △

 실생활 활용 문제    241004-0026

**11** 슬기의 일기를 읽고 물음에 답하세요.

오늘 새로운 집으로 이사를 왔다. 원래 살던 집은 118동 402호였는데, 새로 이사 온 집은 211동 918호이다. 새로운 집에서 잘 지내면 좋겠다.

(1) 슬기의 일기에서 백의 자리 숫자가 100을 나타내는 수를 찾아 써 보세요.
(                    )

(2) 슬기의 일기에서 십의 자리 숫자가 1이 아닌 수를 찾아 써 보세요.
(                    )

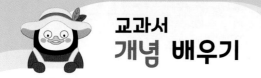
## 개념 5  뛰어 세어 볼까요

- **100**씩 뛰어 세면 백의 자리 숫자가 **1**씩 커집니다.

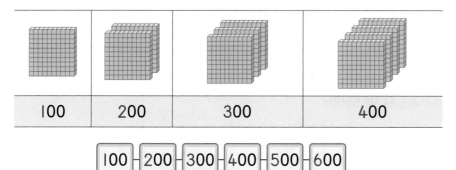

- **10**씩 뛰어 세면 십의 자리 숫자가 **1**씩 커집니다.

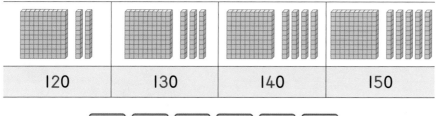

- **1**씩 뛰어 세면 일의 자리 숫자가 **1**씩 커집니다.

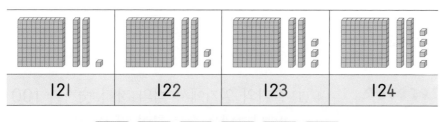

- **999**보다 **1**만큼 더 큰 수는 **1000**이고 천이라고 읽습니다.

```
990  991  992  993  994  995  996  997  998  999  1000
```

- 어느 자리 숫자가 1씩 커지는지 비교해 보면 얼마씩 커지는 규칙 인지 알 수 있습니다.

- **거꾸로 뛰어 세기**
  - 100씩 거꾸로 뛰어 세면 백의 자리 숫자가 1씩 작아집니다.
  782 – 682 – 582 – 482
  - 10씩 거꾸로 뛰어 세면 십의 자리 숫자가 1씩 작아집니다.
  782 – 772 – 762 – 752

- **1000 알아보기**
  - 1000은 100이 10개인 수입 니다.
  - 1000은 900보다 100만큼 더 큰 수입니다.
  - 1000은 990보다 10만큼 더 큰 수입니다.

## 문제를 풀며 이해해요

241004-0027

**1** 동전은 모두 얼마인지 알아보려고 합니다. 물음에 답하세요.

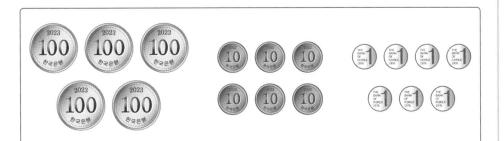

세 자리 수의 뛰어 세기를 할 수 있는지 묻는 문제예요.

(1) 100원짜리 동전을 세어 보세요.

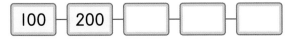

100 — 200 — ☐ — ☐ — ☐

(2) 이어서 10원짜리 동전을 세어 보세요.

510 — 520 — ☐ — ☐ — ☐ — ☐

(3) 이어서 1원짜리 동전을 세어 보세요.

561 — 562 — 563 — ☐ — ☐ — ☐ — ☐

241004-0028

**2** 100씩 뛰어 세어 보세요.

240 — 340 — ☐ — ☐ — ☐

100씩 뛰어 세면 백의 자리 숫자가 1씩 커져요.

241004-0029

**3** 10씩 뛰어 세어 보세요.

518 — ☐ — 538 — ☐ — 558

10씩 뛰어 세면 십의 자리 숫자가 1씩 커져요.

241004-0030

**4** 1씩 뛰어 세어 보세요.

862 — ☐ — 864 — 865 — ☐

1씩 뛰어 세면 일의 자리 숫자가 1씩 커져요.

**01** 241004-0031

100씩 뛰어 세어 보세요.

305 — ☐ — 505 — ☐ — 705 — ☐

**02** 241004-0032

258부터 1씩 뛰어 세면서 선으로 이어 보세요.

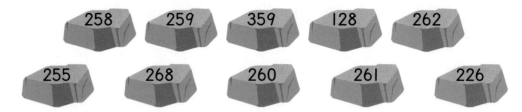

258   259   359   128   262

255   268   260   261   226

중요
**03** 241004-0033

몇씩 뛰어서 센 것인가요?

653 — 663 — 673 — 683 — 693      (                    )

**04** 241004-0034

☐ 안에 공통으로 들어갈 수는 얼마인가요?

- 999보다 1만큼 더 큰 수는 ☐ 입니다.
- 990보다 10만큼 더 큰 수는 ☐ 입니다.

(                    )

중요
**05** 241004-0035

보기 와 같은 규칙으로 뛰어 세려고 합니다. 빈칸에 알맞은 수를 써넣으세요.

보기
537 – 637 – 737 – 837 – 937

282 — ☐ — 482 — ☐ — ☐ — 782

**06** 241004-0036

10씩 거꾸로 뛰어 세어 보세요.

981 — 971 — ☐ — ☐ — 941 — ☐

**07** 241004-0037
유정이는 100원짜리 동전이 8개 있습니다. 1000원이 되려면 더 필요한 100원짜리 동전은 몇 개일까요?

(           )

[08~09] 표를 보고 물음에 답하세요.

| 971 | 972 | 973 | 974 | 975 | 976 | 977 | | | 980 |
|---|---|---|---|---|---|---|---|---|---|
| 981 | 982 | 983 | 984 | 985 | 986 | 987 | | 989 | |
| 991 | 992 | 993 | 994 | 995 | 996 | 997 | 998 | | |

**08** 241004-0038
빈칸에 알맞은 수를 써넣으세요.

**09** 241004-0039
위의 수 배열표에 대한 설명 중 옳은 것은 어느 것인가요? (      )

① ➡ 방향으로 수가 1씩 작아집니다.      ② ➡ 방향으로 수가 10씩 커집니다.
③ ⬇ 방향으로 수가 100씩 커집니다.      ④ ⬇ 방향으로 수가 10씩 커집니다.
⑤ ⬇ 방향으로 수가 10씩 작아집니다.

도전
**10** 241004-0040
뛰어 세는 규칙을 찾아 ㉠에 들어갈 수를 구해 보세요.

(           )

도움말 255에서 3번 뛰어 세었더니 300이 커져 555가 되었습니다.

🐰 실생활 활용 문제   241004-0041

**11** 세윤이네 학교에서 운동회를 했습니다. 기본 점수 150점부터 시작해서 한 경기를 이길 때마다 10점씩 받았습니다. 세윤이네 팀의 점수가 190점이었다면 경기를 모두 몇 번 이긴 것일까요?

(           )

**개념 6  수의 크기를 비교해 볼까요**

- **341**과 **425**의 크기 비교하기
  ➡ 두 수 중 백의 자리 숫자의 크기가 큰 수가 더 큽니다.

$$341 \; < \; 425$$
$$3<4$$

- **317**과 **369**의 크기 비교
  ➡ 두 수의 백의 자리 숫자가 같으므로 십의 자리 숫자의 크기가 큰 수가 더 큽니다.

$$317 \; < \; 369$$
$$1<6$$

- **753**과 **758**의 크기 비교
  ➡ 두 수의 백의 자리 숫자와 십의 자리 숫자가 각각 같으면 일의 자리 숫자의 크기가 큰 수가 더 큽니다.

$$753 \; < \; 758$$
$$3<8$$

- 세 수의 크기 비교하기

|  | 백의 자리 | 십의 자리 | 일의 자리 |
|---|---|---|---|
| 782 ➡ | 7 | 8 | 2 |
| 715 ➡ | 7 | 1 | 5 |
| 822 ➡ | 8 | 2 | 2 |

- 백의 자리 숫자의 크기를 비교하면 **822**가 가장 큽니다.
- **782**와 **715**는 백의 자리 숫자가 같으므로 십의 자리 숫자의 크기를 비교하면 **782**가 더 큽니다.

> 가장 큰 수 ➡ 822    가장 작은 수 ➡ 715

- ●>■
  ➡ ●는 ■보다 큽니다.
  ➡ ■는 ●보다 작습니다.

- 세 자리 수의 크기를 비교할 때는 백의 자리 숫자부터 순서대로 비교합니다.
  ➡ 높은 자리의 숫자가 클수록 더 큰 수입니다.

**문제를 풀며 이해해요**

241004-0042

**1** 수 모형을 보고 두 수의 크기를 비교하여 ○ 안에 >, <를 알맞게 써넣으세요.

수의 크기를 비교할 수 있는 지 묻는 문제예요.

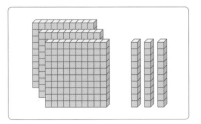
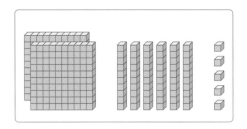

330 ◯ 265

241004-0043

**2** ☐ 안에 알맞은 수를 써넣고 ○ 안에 >, <를 알맞게 써넣으세요.

백의 자리 숫자가 같으면 십의 자리 숫자의 크기를 비교해 보아요.

| | 백의 자리 | 십의 자리 | 일의 자리 |
|---|---|---|---|
| 553 ➡ | ☐ | 5 | 3 |
| 562 ➡ | 5 | ☐ | 2 |

553 ◯ 562

241004-0044

**3** 두 수의 크기를 비교하여 ○ 안에 >, <를 알맞게 써넣으세요.

백의 자리 숫자와 십의 자리 숫자가 같으면 일의 자리 숫자의 크기를 비교해 보아요.

(1)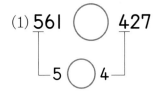

(2)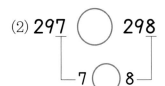

중요
241004-0045
**01** 두 수의 크기를 비교하여 ○ 안에 >, <를 알맞게 써넣으세요.

(1) 211 ◯ 381

(2) 679 ◯ 670

241004-0046
**02** 수의 크기를 바르게 비교한 것을 모두 찾아 ○표 하세요.

771 > 773          910 < 991          351 > 320

(       )      (       )      (       )

241004-0047
**03** 더 작은 수를 찾아 △표 하세요.

(1) | 835 | 837 |

(2) | 123 | 108 |

241004-0048
**04** 다음 중 옳은 문장을 골라 >, <를 써서 나타내 보세요.

918은 922보다 작습니다.          329는 288보다 작습니다.

(                     )

241004-0049
**05** 더 큰 수를 쓴 친구는 누구일까요?

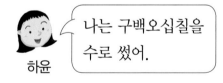
나는 구백오십칠을 수로 썼어.
하윤

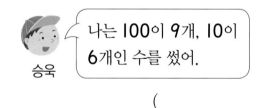
나는 100이 9개, 10이 6개인 수를 썼어.
승욱

(                     )

241004-0050
**06** 분홍색 저금통과 노란색 저금통 중 더 많은 돈이 들어 있는 저금통은 어느 것인가요?

(                     )

중요
**01** 가장 큰 수를 찾아 ○표 하세요.
241004-0051

| 632 | 509 | 638 |

241004-0052
**08** 채원이가 이야기하는 수를 보기 에서 찾아 써 보세요.

채원

이 수는 300보다 크고 500보다 작은 수야. 십의 자리 숫자는 50을 나타내고 일의 자리 숫자는 4보다 작아.

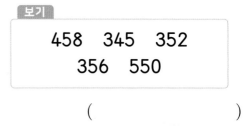

보기

458　345　352
356　550

(　　　　　　　　　)

241004-0053
**09** 수 카드를 한 번씩만 사용해서 800보다 큰 세 자리 수를 만들려고 합니다. 만들 수 있는 세 자리 수를 모두 써 보세요.

4　　5　　9

(　　　　　　　　　)

도전
**10** 세 자리 수의 크기를 비교하여 다음과 같이 나타내었습니다. ☐ 안에 들어갈 수 있는 수를 모두 찾아 ○표 하세요.
241004-0054

8☐8 ＜ 842

| 1 | 3 | 5 | 7 | 9 |

도움말 백의 자리 숫자가 같으므로 십의 자리 숫자를 비교합니다.

실생활 활용 문제　241004-0055

**11** 준민이는 매일 아침 줄넘기를 합니다. 줄넘기를 어제는 125번 했고, 오늘은 132번 했습니다. 어제와 오늘 중 줄넘기를 더 많이 한 날은 언제인가요?

(　　　　　　　　　)

**01** 241004-0056

☐ 안에 공통으로 들어갈 수를 써 보세요.

- 10이 ☐개이면 100입니다.
- 90보다 ☐만큼 더 큰 수는 100입니다.

( 　　　　　　 )

**02** 241004-0057

100원만큼 묶어 보세요.

**03** 241004-0058

☐ 안에 알맞은 수나 말을 써넣으세요.

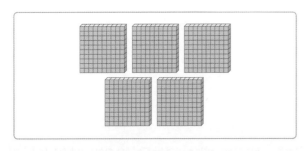

100이 5개이면 ☐이라 쓰고,

☐이라고 읽습니다.

**04** 241004-0059

책이 한 상자에 100권씩 담겨 있습니다. 6상자에 들어 있는 책은 모두 몇 권일까요?

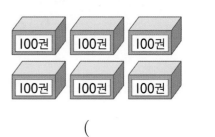

( 　　　　　　 )

**05** 241004-0060

출발 지점부터 알맞은 방향으로 길을 찾아가면 만나게 되는 과일은 무엇인가요?

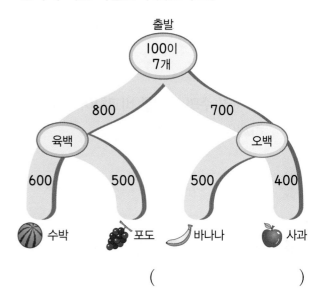

( 　　　　　　 )

**06** 수 모형이 나타내는 수를 써 보세요.

241004-0061

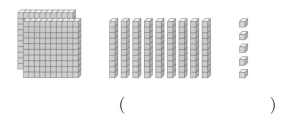

( )

중요

**09** 나타내는 수를 쓰고 읽어 보세요.

241004-0064

> 100이 7개, 10이 13개, 1이 4개인 수

쓰기 ( )

읽기 ( )

**07** 호영이는 사백오십삼번 버스를 타려고 합니다.
호영이가 타야 하는 버스를 찾아 ○표 하세요.

241004-0062

**10** ☐ 안에 알맞은 수를 써넣으세요.

241004-0065

> 587

5는 ☐ 을/를 나타냅니다.

8은 ☐ 을/를 나타냅니다.

7은 ☐ 을/를 나타냅니다.

**08** 주어진 수만큼 색칠해 보세요.

241004-0063

> 324

⑩⑩⑩⑩⑩⑩⑩ (100)
⑩⑩⑩⑩⑩⑩⑩ (10)
①①①①①①① (1)

중요
**11** 밑줄 친 숫자는 얼마를 나타내는지 써 보세요.

241004-0066

(1) <u>2</u>42 ➡ (                    )

(2) 45<u>8</u> ➡ (                    )

241004-0067

**12** 숫자 8이 80을 나타내는 수를 찾아 기호를 써 보세요.

| ㉠ 198 | ㉡ 800 | ㉢ 785 |

(                    )

241004-0068

**13** 1씩 뛰어 세어 보세요.

| 780 | 781 |  |  |  |

241004-0069

**14** 수 모형이 나타내는 수에서 100씩 3번 뛰어 센 수는 어느 것일까요? (          )

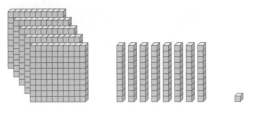

① 611    ② 681    ③ 718
④ 881    ⑤ 981

도전
**15** 화살표의 규칙 에 따라 빈칸에 알맞은 수를 써넣으세요.

241004-0070

보기

589 ➡ 689 ➡ 789 ➡ 889
436 ➡ 446 ➡ 456 ➡ 466

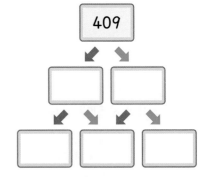

409

**16** 253에서 10씩 뛰어 세었을 때 나올 수 없는 수는 어느 것일까요? (          )

① 263    ② 283    ③ 303

④ 254    ⑤ 293

241004-0071

**17** 두 수의 크기를 비교하여 ○ 안에 >, <를 알맞게 써넣으세요.

(1) 399 ◯ 411

(2) 128 ◯ 127

241004-0072

**18** 407보다 크고 410보다 작은 수를 모두 써 보세요.

(          )

241004-0073

**19** 가장 작은 수를 찾아 기호를 써 보세요.

> ㉠ 오백사십칠
> ㉡ 100이 5개, 10이 4개, 1이 9개인 수
> ㉢ 100이 5개, 1이 48개인 수

(          )

241004-0074

서술형
**20** 검은색 양말은 한 상자에 100켤레씩 4상자와 낱개로 35켤레가 더 있습니다. 노란색 양말은 한 봉지에 10켤레씩 43봉지 있습니다. 어떤 색의 양말이 더 많은지 알아보세요.

241004-0075

**풀이**

(1) 100켤레씩 4상자에 들어 있는 양말은 모두 (          )켤레이고, 낱개 35켤레가 더 있으므로 검은색 양말은 모두 (          )켤레입니다.

(2) 10켤레씩 43봉지에 들어 있는 노란색 양말은 모두 (          )켤레입니다.

(3) 양말 수를 비교하면 (          )은/는 (          )보다 크므로 더 많은 양말은 (          )색 양말입니다.

답 _____

# 2

# 여러 가지 도형

## 단원 학습 목표

1. 삼각형, 사각형, 원을 이해하고 그 모양을 그릴 수 있습니다.

2. 삼각형과 사각형에서 꼭짓점과 변을 알고 찾을 수 있습니다.

3. 칠교판 조각을 이용하여 여러 가지 모양을 만들 수 있습니다.

4. 쌓기나무를 이용하여 여러 가지 모양을 만들고 그 모양에 대해 위치나 방향을 설명할 수 있습니다.

## 단원 진도 체크

| 회차 | | 학습 내용 | 진도 체크 |
|------|------|------|------|
| 1차 | 교과서 개념 배우기 + 문제 해결하기 | **개념 1** △을 알아보고 찾아볼까요<br>**개념 2** □을 알아보고 찾아볼까요 | ✓ |
| 2차 | 교과서 개념 배우기 + 문제 해결하기 | **개념 3** ○을 알아보고 찾아볼까요<br>**개념 4** 칠교판으로 모양을 만들어 볼까요 | ✓ |
| 3차 | 교과서 개념 배우기 + 문제 해결하기 | **개념 5** 쌓은 모양을 알아볼까요<br>**개념 6** 여러 가지 모양으로 쌓아 볼까요 | ✓ |
| 4차 | 단원평가로 완성하기 | 확인 평가를 통해 단원 학습 내용을 확인해 보아요 | ✓ |

해당 부분을 공부하고 나서 ✓표를 하세요.

지후네 농장에는 여러 동물 가족이 살고 있습니다. '동물들이 같은 종류끼리 모여 있으면 식사 준비가 훨씬 쉬울텐데…. 좋은 방법이 없을까?'하고 지후는 고민했어요. '그렇지, 동물 가족끼리 모여살 수 있도록 울타리를 만들어 주면 되겠네.' 지후네 가족은 동물 가족끼리 모여살 수 있도록 △, □ 모양의 울타리를 만들어 주었어요. 그리고 동물들이 물을 마실 수 있도록 ○ 모양의 연못도 만들어 주었어요.

이번 2단원에서는 여러 가지 도형에 대해 배울 거예요.

## 개념 1　△을 알아보고 찾아볼까요

- 그림과 같은 모양의 도형을 삼각형이라고 합니다.

- 삼각형의 곧은 선을 변, 삼각형의 두 곧은 선이 만나는 점을 꼭짓점이라고 합니다.

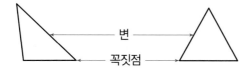

- 삼각형은 변이 **3**개, 꼭짓점이 **3**개입니다.

• 주변에서 찾을 수 있는 삼각형 모양

## 개념 2　□을 알아보고 찾아볼까요

- 그림과 같은 모양의 도형을 사각형이라고 합니다.

- 사각형의 곧은 선을 변, 사각형의 두 곧은 선이 만나는 점을 꼭짓점이라고 합니다.

- 사각형은 변이 **4**개, 꼭짓점이 **4**개입니다.

• 주변에서 찾을 수 있는 사각형 모양

**문제를 풀며 이해해요**

241004-0076

**1** ☐ 안에 알맞은 말을 써넣으세요.

삼각형과 사각형의 모양을 이해했는지 묻는 문제예요.

(1)

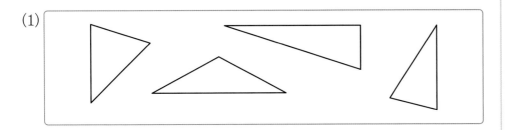

그림과 같은 모양의 도형을 ☐ 이라고 합니다.

(2)

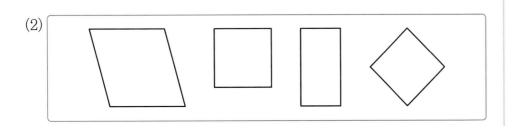

그림과 같은 모양의 도형을 ☐ 이라고 합니다.

241004-0077

**2** ☐ 안에 알맞은 말을 써넣으세요.

곧은 선과 곧은 선이 만나는 뾰족한 부분의 이름을 알아봐요.

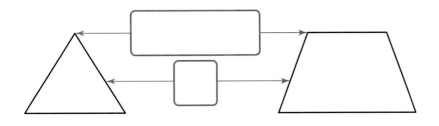

241004-0078
**01** 삼각형을 찾아 ○표 하세요.

(      ) (      ) (      )

241004-0079
**02** 삼각형에 대한 설명이 맞으면 ○표, 틀리면 ×표 하세요.

(1) 변이 **3**개입니다.    (      )

(2) 굽은 선이 있습니다.    (      )

중요
**03** 241004-0080
설명을 보고 도형의 이름을 써 보세요.

> • 변이 **4**개이고 꼭짓점이 **4**개입니다.
> • 곧은 선으로 둘러싸여 있습니다.

(          )

241004-0081
**04** 다음은 몰디브 국기입니다. 이 국기에는 사각형이 모두 몇 개인가요? (      )

① **0**개      ② **2**개

③ **4**개      ④ **5**개

⑤ **6**개

241004-0082
**05** 사각형을 모두 찾아 기호를 써 보세요.

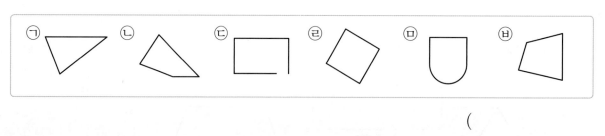

(          )

241004-0083
**06** 삼각형의 변의 수와 사각형의 꼭짓점의 수의 합은 얼마일까요?

(          )

**07** 241004-0084
주어진 선을 한 변으로 하는 삼각형을 그려 보세요.

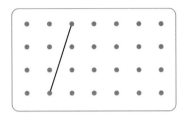

**08** 241004-0085
주변에서 사각형 모양의 물건을 찾아 2가지 써 보세요.

( )

중요
**09** 241004-0086
삼각형과 사각형의 같은 점을 모두 고르세요. ( )

① 변과 꼭짓점이 있습니다.      ② 곧은 선으로 둘러싸여 있습니다.

③ 둥근 부분이 있습니다.      ④ **3**개의 변과 **3**개의 꼭짓점이 있습니다.

⑤ **4**개의 변과 **4**개의 꼭짓점이 있습니다.

도전
**10** 241004-0087
색종이를 반으로 접어 점선을 따라 색종이를 잘랐을 때 만들어지는 삼각형은 모두 몇 개일까요?

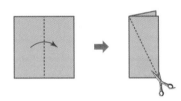

( )

도움말 종이를 이용하여 확인해 봅니다.

실생활 활용 문제 241004-0088

**11** 도영이가 미술 시간에 색깔 빨대로 만든 작품입니다. 그림 속에 있는 삼각형에는 노란색, 사각형에는 파란색을 칠해 보세요.

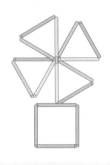
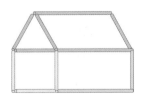

## 개념 3  ○을 알아보고 찾아볼까요

- 그림과 같은 모양의 도형을 원이라고 합니다.

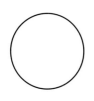   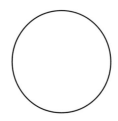

- 원의 특징 알아보기
  ① 뾰족한 부분이 없습니다.
  ② 곧은 선이 없고, 굽은 선으로 이어져 있습니다.
  ③ 길쭉하거나 찌그러진 곳 없이 어느 쪽에서 보아도 똑같이 동그란 모양입니다.
  ④ 크기는 다르지만 생긴 모양이 서로 같습니다.

• 주변에서 찾을 수 있는 원 모양

## 개념 4  칠교판으로 모양을 만들어 볼까요

- 칠교판에는 삼각형 모양 조각이 **5**개, 사각형 모양 조각이 **2**개 있습니다.
- 두 조각으로 삼각형, 사각형 만들기

 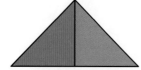  

- 세 조각으로 삼각형, 사각형 만들기

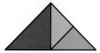   

• 칠교판 조각으로 재미있는 모양 만들기

241004-0089

**1** 그림과 같은 도형을 무엇이라고 하나요?

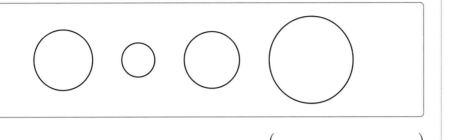

(                 )

원을 이해했는지 묻는 문제예요.

241004-0090

**2** 알맞은 말에 ○표 하세요.

원은 곧은 선과 뾰족한 부분이 없고, ( 굽은 , 곧은 ) 선으로 이루어져 있습니다.

원은 ( 모양 , 크기 )은/는 다르지만 생긴 ( 모양 , 크기 )이/가 서로 같습니다.

원의 성질을 생각해 보아요.

241004-0091

**3** 칠교판을 보고 □ 안에 알맞은 수를 써넣으세요.

칠교판은 **7**개의 도형으로 이루어져 있어요.

(1) 칠교판에서 다음 도형을 찾아 번호를 써 보세요.

| 삼각형 | 사각형 |
|---|---|
|  |  |

(2) 칠교판에는 삼각형 모양 조각이 ☐ 개, 사각형 모양 조각이

☐ 개 있습니다.

241004-0092
**01** 다음 물건에서 찾을 수 있는 도형은 무엇인가요?

(          )

241004-0093
**02** 종이에 대고 본을 떠 원을 그릴 수 있는 물건이 <u>아닌</u> 것은 어느 것인가요? (     )

①      ②      ③      ④      ⑤

241004-0094
**03** 원에 대한 설명으로 옳은 것에 ○표, 틀린 것에 ×표 하세요.

(1) 원은 뾰족한 부분이 있습니다.          (       )
(2) 원은 크기는 다르지만 모양은 모두 같습니다.    (       )

241004-0095
**04** 원이 있는 국기를 모두 찾아보세요. (         )

①      ②      ③      ④      ⑤

241004-0096
**05** 원은 모두 몇 개인가요?

(          )

241004-0097
**06** 원을 찾아 원 안에 있는 수들의 합을 구해 보세요.

(          )

**[01~09]** 오른쪽 칠교판을 보고 물음에 답하세요.

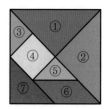

241004-0098

**07** 칠교판에는 사각형 모양 조각은 몇 개인가요?

( )

241004-0099

**08** ③, ⑤, ⑥의 모양 조각을 사용하여 주어진 사각형을 만들어 보세요.

중요
241004-0100

**09** 다음 모양을 만드는 데 삼각형 조각 ㉠개와 사각형 조각 1개를 사용하였습니다. ㉠에 알맞은 수는 얼마인가요?

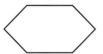

( )

도전
241004-0101

**10** 칠교판의 7조각을 모두 한 번씩 사용하여 모양을 만들어 보세요.

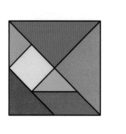 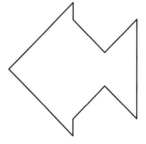

도움말 주어진 그림에서 칠교판의 가장 큰 삼각형 조각부터 채우고 차례대로 칠교판 조각을 채웁니다.

🐰 **실생활 활용 문제** 241004-0102

**11** 지후는 수학 시간에 칠교판으로 창의적인 작품을 만들었습니다. 칠교판으로 지후가 만든 작품과 똑같이 만들어 보고 이야기를 꾸며 보세요.

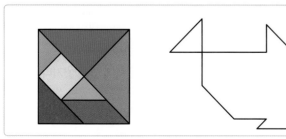

작품 제목: _____

이야기: _____

_____

_____

## 개념 5 쌓은 모양을 알아볼까요

• 쌓기나무를 이용하여 그림과 같이 쌓아 봅시다.

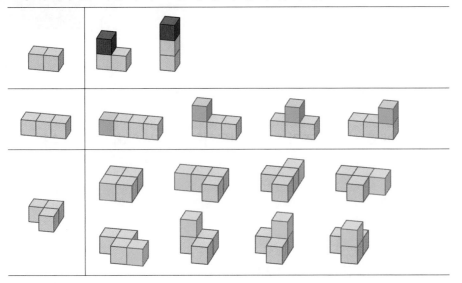

• 똑같은 모양으로 쌓으려면 쌓기나무가 몇 개 필요한지 알아봅시다.

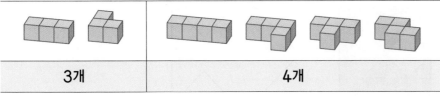

| 3개 | 4개 |
|---|---|

• 쌓기나무 5개로 쌓을 수 있는 모양

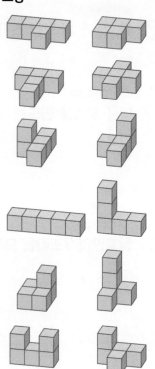

## 개념 6 여러 가지 모양으로 쌓아 볼까요

• 쌓기나무를 쌓은 방법을 알아봅시다.

➡ 쌓기나무 **2**개가 옆으로 나란히 있고, 왼쪽 쌓기나무 위에 쌓기나무가 1개 있습니다.

➡ 쌓기나무 **3**개가 옆으로 나란히 있고, 가장 오른쪽에 있는 쌓기나무 앞에 쌓기나무가 1개 있습니다.

• 쌓은 모양 위치 알아보기

빨간색 쌓기나무
┌ 왼쪽에 있는 쌓기나무: ㉡
├ 오른쪽에 있는 쌓기나무: ㉢
├ 위에 있는 쌓기나무: ㉠
└ 뒤에 있는 쌓기나무: ㉣

241004-0103

**1** 그림과 같이 쌓으려면 필요한 쌓기나무는 몇 개인가요?

(1)

(          )

(2)

(               )

쌓기나무의 수를 바르게 세고, 위치를 설명할 수 있는지 묻는 문제예요.

241004-0104

**2** 쌓기나무로 쌓은 모양을 바르게 나타내도록 보기 에서 □ 안에 알맞은 말을 골라 써넣으세요.

보기의 단어를 이용하여 쌓은 모양을 설명해 보아요.

보기

위, 앞, 뒤, 오른쪽, 왼쪽

(1)  ➡ 쌓기나무 **2**개가 옆으로 나란히 있고,

☐ 쌓기나무 ☐ 에 쌓기나무가 **1**개 있습니다.

(2)  ➡ 쌓기나무 **2**개가 옆으로 나란히 있고,

☐ 쌓기나무 ☐ 에 쌓기나무가 **1**개 있습니다.

(3)  ➡ 쌓기나무 **3**개가 옆으로 나란히 있고,

가장 ☐ 에 있는 쌓기나무

☐ 에 쌓기나무가 **1**개 있습니다.

241004-0105

**01** 쌓기나무 4개로 만들 수 있는 모양이 <u>아닌</u> 것은 어느 것인가요? (       )

①          ②          ③          ④          ⑤

**[02~03]** 그림과 똑같은 모양으로 쌓으려면 필요한 쌓기나무는 모두 몇 개인지 구해 보세요.

241004-0106

**02**                    (                    )

241004-0107

**03**                    (                    )

241004-0108

**04** 빨간색 쌓기나무 위에 있는 쌓기나무를 찾아 ○표 하세요.

오른쪽
앞

241004-0109

**05** 빨간색 쌓기나무 앞에 있는 쌓기나무를 찾아 ○표 하세요.

오른쪽
앞

**[06~07]** 쌓기나무로 쌓은 모양을 보고 설명을 하였습니다. ☐ 안에 알맞은 수나 말을 써넣으세요.

241004-0110

**06**

오른쪽
앞

쌓기나무 ☐ 개를 옆으로 나란히 놓고, 왼쪽에 있는 쌓기나무 위에 쌓기나무를

☐ 개 놓고, 오른쪽에 있는 쌓기나무 ☐ 에 쌓기나무를 ☐ 개 놓았습니다.

중요
**07**

241004-0111

오른쪽
앞

쌓기나무 ☐ 개를 옆으로 나란히 놓고, 가장 오른쪽에 있는 쌓기나무 앞과

☐ 에 각각 쌓기나무를 ☐ 개씩 놓았습니다.

**08** 241004-0112
왼쪽 모양을 오른쪽 모양과 똑같이 만들려고 합니다. 더 필요한 쌓기나무는 몇 개인가요?

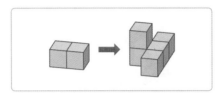

(                              )

**중요**
**09** 241004-0113
설명에 맞게 쌓은 모양에 모두 ○표 하세요.

쌓기나무 **4**개를 **I**층에 놓고, **2**층에 쌓기나무 **I**개를 더 놓습니다.

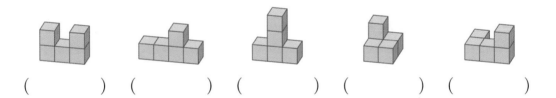

(          )  (          )  (          )  (          )  (          )

**도전**
**10** 241004-0114
가와 나 모양을 모두 만들 때 필요한 쌓기나무는 몇 개인가요?

가        나

(                              )

**도움말** 각 모양을 만드는 데 필요한 쌓기나무 개수를 알아봅니다.

 **실생활 활용 문제** 241004-0115

**11** 사랑이가 쌓기나무로 쌓은 모양을 설명해 보세요.

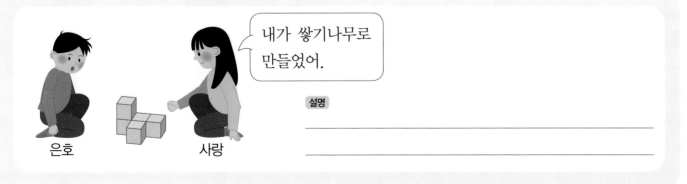

내가 쌓기나무로
만들었어.

은호        사랑

**설명**
_____
_____

241004-0116

**01** 다음 중 삼각형을 찾을 수 있는 표지판에 ○표 하세요.

(      ) (      ) (      )

241004-0117

**02** 설명을 보고 도형의 이름을 써 보세요.

- 변이 **3**개이고 꼭짓점이 **3**개입니다.
- 곧은 선으로 둘러싸여 있습니다.

(         )

241004-0118

**03** 점선을 따라 자르면 어떤 도형을 몇 개 만들 수 있는지 알아보려고 합니다. ☐ 안에 알맞은 수나 말을 써넣으세요.

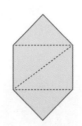

☐ 을 ☐ 개 만들 수 있습니다.

중요
**04** 241004-0119

그림에서 삼각형과 사각형을 각각 찾아 개수를 써 보세요.

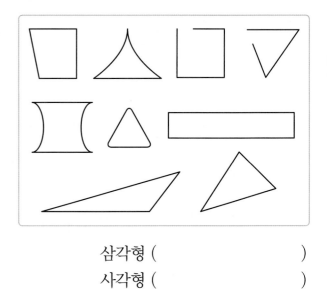

삼각형 (        )
사각형 (        )

241004-0120

**05** ☐ 안에 알맞은 말을 써넣으세요.

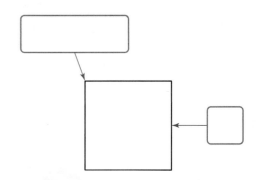

## 06
241004-0121

점선을 따라 잘랐을 때 만들어지는 도형은 무엇인가요?

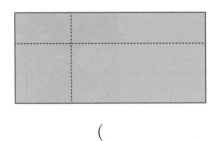

(                    )

## 08
241004-0123

사각형을 그려 보세요.

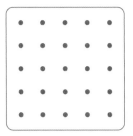

## 09
241004-0124

삼각형의 꼭짓점의 수와 사각형의 변의 수의 합은 얼마인가요?

(                    )

## 07
241004-0122

□ 안에 알맞은 수를 써넣으세요.

사각형은 변이 □ 개, 꼭짓점이 □ 개입니다.

## 10
도전 ▲ 241004-0125

그림에서 찾을 수 있는 크고 작은 삼각형은 모두 몇 개일까요?

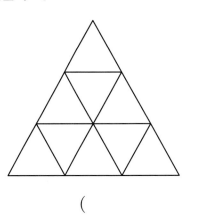

(                    )

241004-0126

**11** 다음을 본떠서 그릴 수 있는 도형의 이름을 써 보세요.

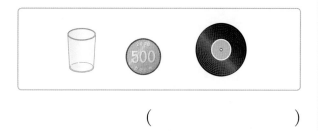

( )

<sup>중요</sup>

**12** 241004-0127

원에 대한 설명으로 옳은 것은 어느 것인가요?

( )

① 뾰족한 부분이 있습니다.

② 곧은 선으로 되어 있습니다.

③ 모든 원은 모양과 크기가 같습니다.

④ 어느 쪽에서 보아도 똑같은 모양입니다.

⑤ 길쭉한 부분은 없지만 찌그러진 곳이 있습니다.

241004-0128

**13** 원은 모두 몇 개인가요? ( )

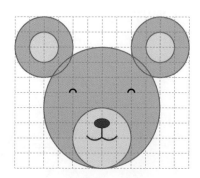

① 5개    ② 6개    ③ 7개

④ 8개    ⑤ 9개

241004-0129

**14** 칠교판에 있는 삼각형 모양 조각은 모두 몇 개 인가요? ( )

① 2개    ② 3개    ③ 4개

④ 5개    ⑤ 6개

241004-0130

**15** 칠교판의 조각 중 다음 세 조각을 사용하여 사 각형을 만들어 보세요.

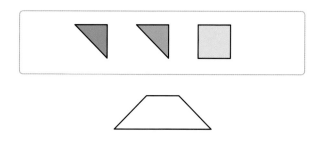

241004-0131

**16** 칠교판 조각을 모두 한 번씩 사용하여 집 모양 을 완성해 보세요.

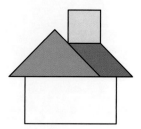

**17** 241004-0132
설명에 맞게 쌓은 모양은 어느 것인가요?
( )

> 1층에 쌓기나무 **3**개를 나란히 놓고, 가장 오른쪽에 있는 쌓기나무 위에 빨간색 쌓기나무 1개를 쌓았습니다.

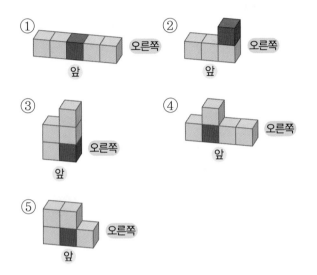

**18** 241004-0133
쌓기나무 6개로 만든 모양을 찾아 기호를 써 보세요.

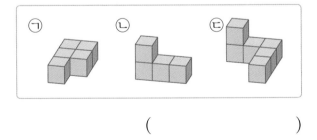

( )

**서술형**
**19** 241004-0134
쌓기나무로 그림과 같이 쌓았습니다. 쌓은 모양을 설명해 보세요.

설명 쌓기나무 ( )개를 ( ) 으로 나란히 놓고, 가장 ( ) 에 있는 쌓기나무 ( )에 쌓기나무 ( )개를 놓습니다.

**20** 241004-0135
쌓기나무의 수가 가장 많은 것은 어느 것인가요? ( )

①   ②

③ 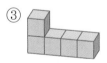  ④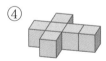

⑤

# 3

# 덧셈과 뺄셈

## 단원 학습 목표

1. 받아올림이 있는 덧셈, 받아내림이 있는 뺄셈을 할 수 있습니다.
2. 세 수의 덧셈과 뺄셈을 할 수 있습니다.
3. 덧셈과 뺄셈의 관계를 이해할 수 있습니다.
4. □가 사용된 덧셈식과 뺄셈식을 만들고 □의 값을 구할 수 있습니다.

## 단원 진도 체크

| 회차 | | 학습 내용 | 진도 체크 |
|---|---|---|---|
| 1차 | 교과서 개념 배우기 +<br>문제 해결하기 | **개념 1** 덧셈을 하는 여러 가지 방법을 알아볼까요(1)<br>**개념 2** 덧셈을 하는 여러 가지 방법을 알아볼까요(2) | ✓ |
| 2차 | 교과서 개념 배우기 +<br>문제 해결하기 | **개념 3** 덧셈을 해 볼까요 | ✓ |
| 3차 | 교과서 개념 배우기 +<br>문제 해결하기 | **개념 4** 뺄셈을 하는 여러 가지 방법을 알아볼까요(1)<br>**개념 5** 뺄셈을 하는 여러 가지 방법을 알아볼까요(2) | ✓ |
| 4차 | 교과서 개념 배우기 +<br>문제 해결하기 | **개념 6** 뺄셈을 해 볼까요 | ✓ |
| 5차 | 교과서 개념 배우기 +<br>문제 해결하기 | **개념 7** 세 수의 계산을 해 볼까요 | ✓ |
| 6차 | 교과서 개념 배우기 +<br>문제 해결하기 | **개념 8** 덧셈과 뺄셈의 관계를 식으로 나타내 볼까요(1)<br>**개념 9** 덧셈과 뺄셈의 관계를 식으로 나타내 볼까요(2) | ✓ |
| 7차 | 교과서 개념 배우기 +<br>문제 해결하기 | **개념 10** □가 사용된 덧셈식을 만들고 □의 값을 구해 볼까요<br>**개념 11** □가 사용된 뺄셈식을 만들고 □의 값을 구해 볼까요 | ✓ |
| 8차 | 단원평가로 완성하기 | 확인 평가를 통해 단원 학습 내용을 확인해 보아요 | ✓ |

해당 부분을 공부하고 나서 ✓표를 하세요.

우리 학교 2학년 친구들 93명이 모두 모여 수학 대회를 하기로 했어요. 4번 문제까지 풀고 나니 29명의 친구가 탈락했어요. 남은 친구는 몇 명일까요? 5번 문제는 패자부활전이어서 13명의 친구를 부활시킨다고 해요. 5번 문제를 풀 수 있는 친구는 모두 몇 명일까요?

이번 3단원에서는 여러 가지 덧셈과 뺄셈 문제를 계산해 보는 방법에 대해 배울 거예요.

---

## 개념 1    덧셈을 하는 여러 가지 방법을 알아볼까요(1)

• 13+9의 계산을 해 봅시다.

| 십 모형 | 일 모형 |   | 십 모형 | 일 모형 |   | 십 모형 | 일 모형 |
|---|---|---|---|---|---|---|---|

• 일 모형 **3**개와 일 모형 **9**개를 더하면 일 모형 **12**개가 됩니다.

• 일 모형 **12**개 중 **10**개를 십 모형 **1**개로 바꿉니다.

• 십 모형 **2**개와 일 모형 **2**개가 됩니다.

➡ 13+9=22

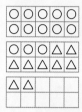

• **13+9 구하기**

(1) 그림을 그려 구하기

13만큼 ○을, 9만큼 △을 그립니다.

| ○ | ○ | ○ | ○ | ○ |
|---|---|---|---|---|
| ○ | ○ | ○ | ○ | ○ |

| ○ | ○ | ○ | △ | △ |
|---|---|---|---|---|
| △ | △ | △ | △ | △ |
| △ | △ |  |  |  |

(2) 세로셈으로 구하기

$$\begin{array}{r} {\scriptstyle 1} \\ 1\ 3 \\ +\quad 9 \\ \hline 2 \end{array} \Rightarrow \begin{array}{r} {\scriptstyle 1} \\ 1\ 3 \\ +\quad 9 \\ \hline 2\ 2 \end{array}$$

---

## 개념 2    덧셈을 하는 여러 가지 방법을 알아볼까요(2)

• 37+14의 계산을 해 봅시다.

| 십 모형 | 일 모형 |   | 십 모형 | 일 모형 |   | 십 모형 | 일 모형 |
|---|---|---|---|---|---|---|---|

• 일 모형 **7**개와 일 모형 **4**개를 더하면 일 모형 **11**개가 됩니다.

• 일 모형 **11**개 중 **10**개를 십 모형 **1**개로 바꿉니다.

• 십 모형 **5**개와 일 모형 **1**개가 됩니다.

➡ 37+14=51

• **37+14 구하기**

(1) 37을 40으로 바꾸어 구하기

14에서 3을 옮겨 37을 40으로 만들 수 있습니다.

37+14=40+11=51

(2) 세로셈으로 구하기

$$\begin{array}{r} {\scriptstyle 1} \\ 3\ 7 \\ +\ 1\ 4 \\ \hline 1 \end{array} \Rightarrow \begin{array}{r} {\scriptstyle 1} \\ 3\ 7 \\ +\ 1\ 4 \\ \hline 5\ 1 \end{array}$$

**문제를 풀며 이해해요**

241004-0136

**1** 그림을 보고 ☐ 안에 알맞은 수를 써넣으세요.

| 십 모형 | 일 모형 |
|---|---|

일의 자리에서 받아올림이 있는 (두 자리 수)+(한 자리 수) 또는 (두 자리 수)+(두 자리 수)를 계산할 수 있는지 묻는 문제예요.

(1) 일 모형 **5**개와 **9**개를 더한 것을 십 모형 **1**개, 일 모형 ☐ 개로 나타낼 수 있습니다.

일 모형 10개는 십 모형 1개와 같아요.

(2) **35＋19＝** ☐

241004-0137

**2** ☐ 안에 알맞은 수를 써넣으세요.

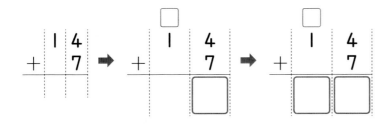

일의 자리에서 받아올림한 수와 십의 자리 수를 더해 보아요.

241004-0138

**01** 그림을 보고 □ 안에 알맞은 수를 써넣으세요.

$26+7=$ □

241004-0139

**02** 6만큼 △을 그려 구해 보세요.

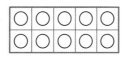 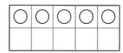 

$15+6=$ □

241004-0140

**03** 47을 50으로 바꾸어 $47+26$을 구해 보세요.

$47+26=50+$ □ $=$ □

241004-0141

**04** 이어 세기로 $58+5$를 구해 보세요.

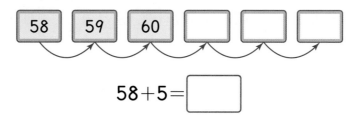

$58+5=$ □

[05~06] 두 수의 합을 빈 곳에 써넣으세요.

241004-0142

**05**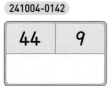

241004-0143

**06**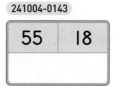

중요 241004-0144

**01** 계산 결과가 다른 하나를 찾아 ○표 하세요.

$18+27 \qquad 16+19 \qquad 36+9$

**중요**
**08** 241004-0145
귤이 15개, 사과가 29개 있습니다. 귤과 사과는 모두 몇 개일까요?

(              )

**09** 241004-0146
계산에서 <u>잘못된</u> 곳을 찾아 바르게 계산해 보세요.

```
    7 5
  + 1 6
  ─────
    8 1
```
➡

**도전**
**10** 241004-0147
합이 42가 되는 두 수를 골라 식을 만들어 보세요.

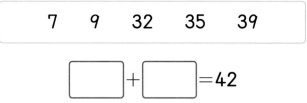

| 7 | 9 | 32 | 35 | 39 |

☐ + ☐ = 42

**도움말** 계산 결과의 일의 자리 숫자가 2가 되는 두 수를 찾아봅니다.

**실생활 활용 문제** 241004-0148

**11** 지은이와 현경이가 가지고 온 색연필과 사인펜은 모두 몇 자루인지 덧셈식으로 나타내 보세요.

**선생님** 오늘 미술 시간에는 봄에 피는 꽃을 그려 볼게요.

**지은** 재밌겠다. 나는 색연필 24자루를 가지고 왔어.

**현경** 나는 사인펜 18자루를 가지고 왔어.

**지은** 색연필과 사인펜을 같이 쓰면 꽃을 다양하게 그릴 수 있을 거야.

☐ + ☐ = ☐ (자루)

## 개념 **3** 덧셈을 해 볼까요

• 82+34의 계산을 해 봅시다.

| 십 모형 | 일 모형 |
|---|---|
| | |
| | |

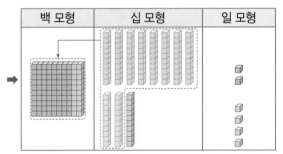

| 백 모형 | 십 모형 | 일 모형 |
|---|---|---|
| | | |

| 백 모형 | 십 모형 | 일 모형 |
|---|---|---|
| | | |

• 일 모형 **2**개와 일 모형 **4**개를 더하면 일 모형 **6**개가 됩니다.
• 십 모형 **8**개와 십 모형 **3**개를 더하면 십 모형 **11**개가 됩니다.
  십 모형 **11**개 중 **10**개를 백 모형 **1**개로 바꿉니다.
• 백 모형 **1**개, 십 모형 **1**개, 일 모형 **6**개가 됩니다.

  ➡ **82+34=116**

• **계산 방법**

① 일의 자리 수끼리 더하여 **10** 이거나 **10**보다 크면 **10**을 십 의 자리로 받아올림합니다.

② 십의 자리 수끼리 더하여 **100**이거나 **100**보다 크면 **100**을 백의 자리로 받아올림 합니다.

③ 백의 자리로 받아올림한 **1**은 그대로 내려 씁니다.

$$
\begin{array}{r}
8\ 2 \\
+\ 3\ 4 \\
\hline
6
\end{array}
\Rightarrow
\begin{array}{r}
{}^{1}\\
8\ 2 \\
+\ 3\ 4 \\
\hline
1\ 6
\end{array}
$$

$$
\Rightarrow
\begin{array}{r}
{}^{1}\\
8\ 2 \\
+\ 3\ 4 \\
\hline
1\ 1\ 6
\end{array}
$$

241004-0149

**1** 그림을 보고 □ 안에 알맞은 수를 써넣으세요.

십의 자리에서 받아올림이 있는 (두 자리 수)+(두 자리 수)를 계산할 수 있는지 묻는 문제예요.

| 백 모형 | 십 모형 | 일 모형 |
|---|---|---|
|  |  |  |
|  |  |  |

(1) 십 모형 **5**개와 **8**개를 더하면 백 모형 **1**개, 십 모형 □ 개로 나타낼 수 있습니다.

십 모형 **10**개는 백 모형 **1**개와 같아요.

(2) **55＋84＝** □

241004-0150

**2** □ 안에 알맞은 수를 써넣으세요.

일의 자리에서 받아올림한 수를 십의 자리 수와 더합니다.

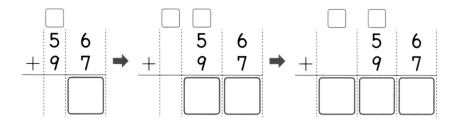

241004-0151

**01** 76+41을 구해 보세요.

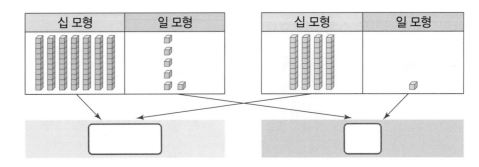

$$76+41=\boxed{\phantom{000}}$$

241004-0152

**02** 36을 40으로 바꾸어 36+95를 구해 보세요.

$$36+95=40+\boxed{\phantom{00}}=\boxed{\phantom{000}}$$

[03~04] 덧셈해 보세요.

241004-0153

**03** 63+64

241004-0154

**04** 76+59

중요 241004-0155

**05** □ 안의 수 1이 실제로 나타내는 수는 얼마일까요?

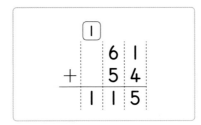

(                    )

241004-0156

**06** 계산 결과를 비교하여 ○ 안에 >, =, <를 알맞게 써넣으세요.

$$78+53 \bigcirc 35+93$$

241004-0157

**07** □ 안에 들어갈 수 있는 덧셈식을 오른쪽에서 ○표 하세요.

$$\boxed{\phantom{00}} > 48+71$$    ( 63+54 , 83+45 , 24+91 )

**08** 241004-0158

□ 안에 들어갈 수의 합을 구해 보세요.

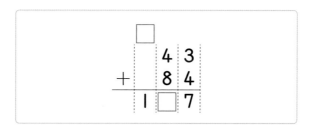

( )

<sup>중요</sup>
**09** 241004-0159

마트에 초콜릿이 87상자 있고, 사탕이 34상자 있습니다. 초콜릿과 사탕은 모두 몇 상자일까요?

( )

<sup>도전</sup>
**10** 241004-0160

수 카드 2장을 골라 두 자리 수를 만들어 92와 더하려고 합니다. 계산 결과가 가장 작은 수가 되는 덧셈식을 만들고 계산해 보세요.

| 3 | 1 | 8 |

$92 +$ ☐ $=$ ☐

도움말 덧셈의 결과가 가장 작으려면 수 카드 2장으로 만들 수 있는 가장 작은 두 자리 수를 만들어야 합니다.

🐰 **실생활 활용 문제** 241004-0161

**11** 영양사 선생님의 이야기를 보고 1학년 학생과 2학년 학생이 모두 앉으려면 의자가 몇 개 필요한지 덧셈식으로 나타내고 계산해 보세요.

1학년 학생이 74명이고 2학년 학생이 65명이구나. 1학년 학생과 2학년 학생이 함께 급식하려면 의자가 몇 개 있어야 하지?

☐ $+$ ☐ $=$ ☐ (개)

## 개념 4  뺄셈을 하는 여러 가지 방법을 알아볼까요(1)

• 42−6의 계산을 해 봅시다.

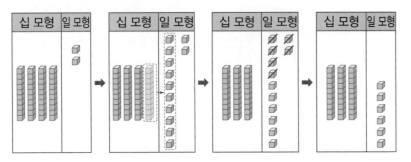

• 십 모형 1개를 일 모형 10개로 바꿉니다.

• 일 모형 12개에서 일 모형 6개를 뺍니다.

• 십 모형 3개와 일 모형 6개가 남습니다.

➡ 42−6=36

• **42−6 구하기**

⑴ 그림을 그려 구하기

42만큼 ○을 그리고, 6만큼 /으로 지워 구합니다.

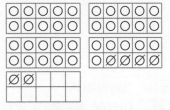

⑵ 세로셈으로 구하기

$$
\begin{array}{r}
\phantom{-}3\ \ 10\\
4\ \ 2\\
-\phantom{0}\ 6\\
\hline
\phantom{00}6
\end{array}
\Rightarrow
\begin{array}{r}
\phantom{-}3\ \ 10\\
\cancel{4}\ \ 2\\
-\phantom{0}\ 6\\
\hline
3\ \ 6
\end{array}
$$

## 개념 5  뺄셈을 하는 여러 가지 방법을 알아볼까요(2)

• 50−13의 계산을 해 봅시다.

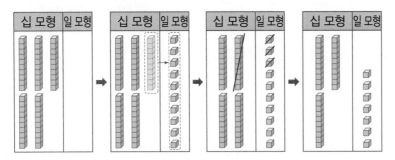

• 십 모형 1개를 일 모형 10개로 바꿉니다.

• 일 모형 10개에서 일 모형 3개를 빼고, 십 모형 4개에서 십 모형 1개를 뺍니다.

• 십 모형 3개와 일 모형 7개가 남습니다.

➡ 50−13=37

• **50−13 구하기**

⑴ 13을 가르기 하여 구하기

$$
50-13 \Rightarrow 50-10-3
$$
$$
\phantom{50-1}10\ \ 3 \phantom{\Rightarrow 50} =40-3
$$
$$
=37
$$

⑵ 세로셈으로 구하기

$$
\begin{array}{r}
\phantom{-}4\ \ 10\\
5\ \ 0\\
-1\ \ 3\\
\hline
\phantom{00}7
\end{array}
\Rightarrow
\begin{array}{r}
\phantom{-}4\ \ 10\\
\cancel{5}\ \ 0\\
-1\ \ 3\\
\hline
3\ \ 7
\end{array}
$$

**문제를 풀며 이해해요**

241004-0162

**1** 그림을 보고 ☐ 안에 알맞은 수를 써넣으세요.

십의 자리에서 받아내림이 있는 (두 자리 수)−(한 자리 수) 또는 (몇십)−(두 자리 수)를 계산할 수 있는지 묻는 문제예요.

| 십 모형 | 일 모형 |
| --- | --- |

(1) 십 모형 1개를 일 모형 ☐ 개로 바꾼 후 일 모형 ☐ 개

   에서 8개를 빼면 일 모형 ☐ 개가 남습니다.

십 모형 1개를 일 모형 10개로 바꿀 수 있어요.

(2) 십 모형 6개에서 2개를 빼면 십 모형 ☐ 개가 남습니다.

(3) 70 − 28 = ☐

241004-0163

**2** ☐ 안에 알맞은 수를 써넣으세요.

일의 자리 수끼리 뺄 수 없으므로 십의 자리에서 10을 받아내림해서 계산해 보아요.

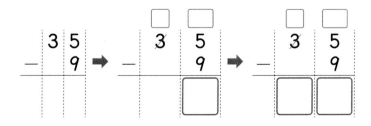

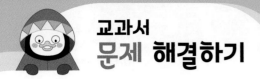 

241004-0164

**01** 8만큼 /로 지워 구해 보세요.

$$35 - 8 = \boxed{\phantom{00}}$$

241004-0165

**02** 27을 20과 7로 가르기 하여 구해 보세요.

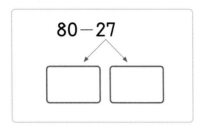

$$80 - 20 - \boxed{\phantom{0}}$$

$$= \boxed{\phantom{0}} - \boxed{\phantom{0}} = \boxed{\phantom{0}}$$

[03~04] 두 수의 차를 빈칸에 써넣으세요.

241004-0166

**03**

| 34 | 7 |
|----|----|
|    |    |

241004-0167

**04**

| 50 | 18 |
|----|----|
|    |    |

중요

**05** 241004-0168
☐ 안의 수 7이 실제로 나타내는 수는 얼마일까요?

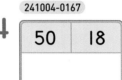

(            )

241004-0169

**06** 계산 결과를 비교하여 ○ 안에 >, =, <를 알맞게 써넣으세요.

$$21 - 3 \bigcirc 40 - 19$$

중요

**07** 241004-0170
정아는 연필을 30자루 가지고 있었습니다. 정아가 친구에게 연필을 12자루 주었다면 정아에게 남은 연필은 몇 자루일까요?

(            )

**08** 계산에서 <u>잘못된</u> 곳을 찾아 옳게 고쳐 계산해 보세요.

241004-0171

$$
\begin{array}{r}
5\ 5 \\
-\quad\ 7 \\
\hline
5\ 8
\end{array}
$$

➡

<br>

**09** 1부터 9까지의 수 중에서 ☐ 안에 들어갈 수 있는 수를 모두 구해 보세요.

241004-0172

$$41-\square<50-15$$

(                              )

도전
**10** ■ − ▲는 얼마일까요?

241004-0173

$$44-8=\blacksquare,\ 50-41=\blacktriangle$$

(                              )

도움말 ■와 ▲의 값을 각각 먼저 구합니다.

실생활 활용 문제    241004-0174

**11** 빈이의 일기를 읽고 강아지 간식이 몇 개 남았는지 뺄셈식으로 나타내 보세요.

20○○년 ○월 ○일          날씨: ☀

강아지 간식이 한 봉지에 50개 들어 있었다. 강아지에게 간식을 12개 줬다. 강아지 간식은 몇 개 남았을까?

$$\boxed{\phantom{00}}-\boxed{\phantom{00}}=\boxed{\phantom{00}}\ (개)$$

## 개념 6 뺄셈을 해 볼까요

• 44-26의 계산을 해 봅시다.

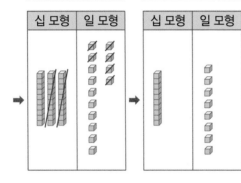

• 십 모형 1개를 일 모형 10개로 바꾸면 일 모형 14개가 됩니다.
• 일 모형 14개에서 일 모형 6개를 빼면 일 모형 8개가 남습니다.
• 십 모형 3개에서 십 모형 2개를 빼면 십 모형 1개가 남습니다.
• 십 모형 1개, 일 모형 8개가 남으므로 18이 됩니다.

➡ 44-26=18

$$
\begin{array}{r} 4\ 4 \\ -\ 2\ 6 \\ \hline \end{array}
\Rightarrow
\begin{array}{r} {}^{3}\ {}^{10} \\ \cancel{4}\ 4 \\ -\ 2\ 6 \\ \hline \end{array}
\Rightarrow
\begin{array}{r} {}^{3}\ {}^{10} \\ \cancel{4}\ 4 \\ -\ 2\ 6 \\ \hline 8 \end{array}
\Rightarrow
\begin{array}{r} {}^{3}\ {}^{10} \\ \cancel{4}\ 4 \\ -\ 2\ 6 \\ \hline 1\ 8 \end{array}
$$

받아내림을 할 때는 십의 자리 수를 지우고 1 작은 수를 십의 자리 위에 작게 써요.

• 계산 방법
① 일의 자리 수끼리 뺄셈을 할 수 없으면 십의 자리에서 10을 일의 자리로 받아내림합니다.
② 일의 자리 수끼리 뺍니다.
③ 남은 십의 자리 수끼리 뺄셈을 하여 십의 자리에 씁니다.

241004-0175

**1** 그림을 보고 ☐ 안에 알맞은 수를 써넣으세요.

| 십 모형 | 일 모형 |
|---|---|

십의 자리에서 받아내림이 있는 (두 자리 수)−(두 자리 수)를 계산할 수 있는지 묻는 문제예요.

(1) 십 모형 1개를 일 모형 ☐ 개로 바꾼 후 일 모형 12개에서

／ 십 모형 1개는 일 모형 10개로 바꿀 수 있어요.

6개를 빼면 일 모형 ☐ 개가 남습니다.

(2) 십 모형 2개에서 1개를 빼면 십 모형 ☐ 개가 남습니다.

(3) 32 − 16 = ☐

241004-0176

**2** ☐ 안에 알맞은 수를 써넣으세요.

／ 가로셈이 어려우면 세로셈으로 바꾸어 계산할 수 있어요.

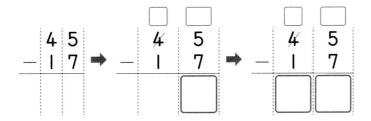

241004-0177

**01** 그림을 보고 □ 안에 알맞은 수를 써넣으세요.

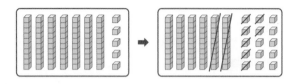

$$75-27=\boxed{\phantom{00}}$$

**[02~03]** 뺄셈해 보세요.

241004-0178

**02** 42 − 15

241004-0179

**03** 24 − 19

241004-0180

**04** 두 수의 차를 빈칸에 써넣으세요.

| 97 | 59 |
|----|----|
|    |    |

중요
241004-0181

**05** 계산 결과를 찾아 선으로 이어 보세요.

| 42 − 29 · | · 38 |
|-----------|------|
| 23 − 16 · | · 13 |
| 55 − 17 · | · 7  |

241004-0182

**06** 사각형 안에 있는 두 수의 차를 구해 보세요.

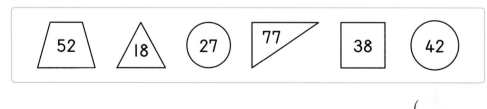

(                    )

중요
241004-0183

**07** 명섭이 할아버지의 나이는 71세이고 아버지의 나이는 43세입니다. 할아버지는 아버지보다 몇 세 더 많을까요?

(                    )

**08** 계산 결과가 작은 것부터 순서대로 I, 2, 3을 써넣으세요.

| 53-19 | 60-24 | 71-36 |
|:---:|:---:|:---:|
| ( ) | ( ) | ( ) |

241004-0184

**09** 빈칸에 알맞은 수를 써넣으세요.

241004-0185

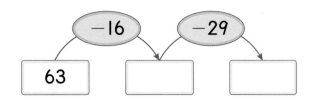

**도전**
**10** 수 카드 2장을 골라 두 자리 수를 만들어 63에서 빼려고 합니다. 계산 결과가 가장 큰 수가 되는 뺄셈식을 쓰고 계산해 보세요.

241004-0186

$$63 - \boxed{\phantom{00}} = \boxed{\phantom{00}}$$

도움말 뺄셈의 결과가 가장 큰 수가 되려면 수 카드 2장으로 만들 수 있는 수 중 가장 작은 두 자리 수를 만들어야 합니다.

**실생활 활용 문제** 241004-0187

**11** 동물의 건강에 대한 수업을 들었습니다. I분 동안 호랑이는 말보다 심장이 몇 회 더 많이 뛰는지 뺄셈식으로 나타내 보세요.

 동물의 건강 상태를 어떻게 확인할 수 있나요?

 I분 동안 심장이 뛰는 횟수를 세어서 확인할 때도 있어요.

 동물에 따라 심장이 뛰는 횟수가 다른가요?

 네, 달라요. 심장이 I분 동안 말은 **28**회, 호랑이는 **56**회 뛴답니다.

$$\boxed{\phantom{00}} - \boxed{\phantom{00}} = \boxed{\phantom{00}} \text{(회)}$$

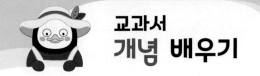

## 개념 **7** 세 수의 계산을 해 볼까요

- 세 수의 계산은 앞에서부터 두 수씩 순서대로 계산합니다.

  - 24+17+23 계산하기

    ➡ 24+17을 계산한 값에 23을 더합니다.

    24+17+23=64
    ① 41
    ② 64

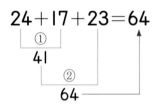

  - 56−27−13 계산하기

    ➡ 56−27을 계산한 값에서 13을 뺍니다.

    56−27−13=16
    ① 29
    ② 16

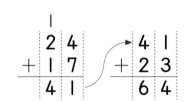

  - 16+25−17 계산하기

    ➡ 16+25를 계산한 값에서 17을 뺍니다.

    16+25−17=24
    ① 41
    ② 24

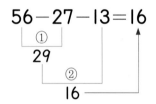

  - 55−26+18 계산하기

    ➡ 55−26을 계산한 값에 18을 더합니다.

    55−26+18=47
    ① 29
    ② 47

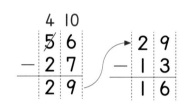

- 세 수의 덧셈은 순서를 바꾸어 계산해도 계산 결과가 같습니다.

  24+17+23=64 (○)
  ① 40
  ② 64

- 세 수의 뺄셈은 순서를 바꾸어 계산하면 계산 결과가 달라집니다.

  56−27−13=42 (×)
  ① 14
  ② 42

**문제를 풀며 이해해요**

241004-0188

**1** 65−28+16을 계산하려고 합니다. ☐ 안에 알맞은 수를 써넣으세요.

(1) 65−28+16=☐

(2)

$$\begin{array}{r} 6\ 5 \\ -\ 2\ 8 \\ \hline \ \end{array}$$   $$\begin{array}{r} +\ 1\ 6 \\ \hline \ \end{array}$$

세 수의 계산을 할 수 있는지 묻는 문제예요.

241004-0189

**2** ☐ 안에 알맞은 수를 써넣으세요.

(1) 13+28+31=☐

(2) 67−19−29=☐

세 수의 계산은 앞에서부터 두 수씩 순서대로 계산해요.

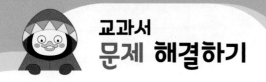

**01** 241004-0190

54−17−18을 계산하려고 합니다. □ 안에 알맞은 수를 써넣으세요.

$$
\begin{array}{r}
5\ 4 \\
-\ 1\ 7 \\
\hline
\boxed{\phantom{00}}
\end{array}
\quad\longrightarrow\quad
\begin{array}{r}
\boxed{\phantom{00}} \\
-\ 1\ 8 \\
\hline
\boxed{\phantom{00}}
\end{array}
$$

중요
**02** 241004-0191

보기 와 같이 계산해 보세요.

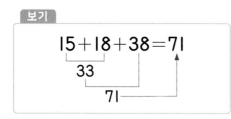

보기

$$15+18+38=71$$
　　33
　　　71

$$32-16+27$$

[03~04] 계산해 보세요.

**03** 241004-0192

$82-43+12$

**04** 241004-0193

$15+29+17$

**05** 241004-0194

빈칸에 알맞은 수를 써넣으세요.

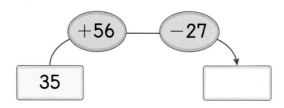

( +56 ) —— ( −27 )

35 → [ ]

**06** 241004-0195

계산이 바른 식을 골라 ○표 하세요.

$$66-18-9=66-9=57$$

$$32+19-8=51-8=43$$

(　　　　)　　　　　　　(　　　　)

**07** 241004-0196

계산 결과를 비교하여 ○ 안에 >, =, <를 알맞게 써넣으세요.

$$73-19+28 \bigcirc 56+16+22$$

**08** 계산 결과가 가장 큰 것부터 순서대로 기호를 써 보세요.

241004-0197

> ㉠ 95−36−11
> ㉡ 23+19−7
> ㉢ 66−17+3

( )

**09** 동물원에 흰색 토끼 25마리와 회색 토끼 17마리가 있었습니다. 오늘 검은색 토끼 27마리가 들어왔습니다. 동물원에 있는 토끼는 모두 몇 마리일까요?

중요

241004-0198

( )

**10** □ 안에 들어갈 수 있는 수를 모두 구해 보세요.

도전

241004-0199

35+15−18<□<60−16−8

( )

도움말 35+15−18과 60−16−8을 먼저 계산해 봅니다.

**실생활 활용 문제** 241004-0200

**11** 가족과 자동차 극장에 왔습니다. 자동차 극장에 남아 있는 자동차는 몇 대인지 구해 보세요.

 아빠, 자동차 극장에 자동차가 벌써 **27**대나 와 있어요.

 우리 차까지 하면 **28**대가 있구나.

 화장실 다녀온 사이에 자동차 **13**대가 더 들어왔어요.

 자동차 **5**대가 극장에서 나가는구나. 잘못 왔나 봐.

( )

## 개념 8  덧셈과 뺄셈의 관계를 식으로 나타내 볼까요(1)

- 덧셈식 $3+7=10$을 뺄셈식으로 나타내 봅시다.

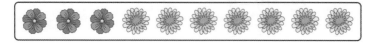

- 전체 꽃의 수: $3+7=10$(송이)
- 노란 꽃의 수: $10-3=7$(송이)
- 빨간 꽃의 수: $10-7=3$(송이)

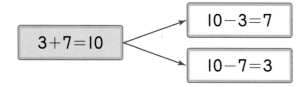

➡ 덧셈식 '$3+7=10$'은 뺄셈식 '$10-3=7$'과 '$10-7=3$'으로 나타낼 수 있습니다.

・덧셈식을 뺄셈식으로 나타내기

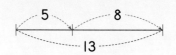

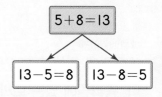

## 개념 9  덧셈과 뺄셈의 관계를 식으로 나타내 볼까요(2)

- 뺄셈식 $9-4=5$를 덧셈식으로 나타내 봅시다.

- 남은 초콜릿의 개수: $9-4=5$(개)
- 처음에 있던 초콜릿의 개수: $\begin{cases} 5+4=9(개) \\ 4+5=9(개) \end{cases}$

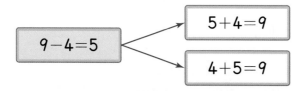

➡ 뺄셈식 '$9-4=5$'는 덧셈식 '$5+4=9$'와 '$4+5=9$'로 나타낼 수 있습니다.

・뺄셈식을 덧셈식으로 나타내기

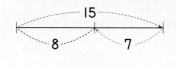

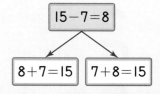

**문제를 풀며 이해해요**

241004-0201

**1** 덧셈식을 뺄셈식으로 나타내려고 합니다. ☐ 안에 알맞은 수를 써넣으세요.

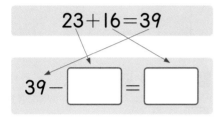

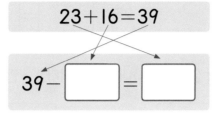

덧셈과 뺄셈의 관계를 알고 있는지 묻는 문제예요.

241004-0202

**2** ☐ 안에 알맞은 수를 써넣으세요.

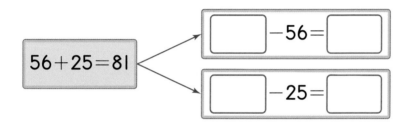

 덧셈식을 보고 2개의 뺄셈식으로 나타내 보세요.

241004-0203

**3** 뺄셈식을 덧셈식으로 나타내려고 합니다. ☐ 안에 알맞은 수를 써넣으세요.

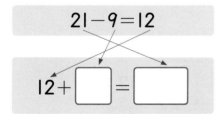

241004-0204

**4** ☐ 안에 알맞은 수를 써넣으세요.

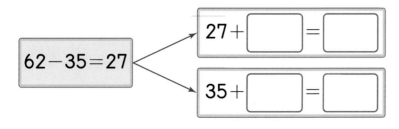

뺄셈식을 보고 2개의 덧셈식으로 나타내 보세요.

[01~02] 규진이는 빨간 구슬 25개와 파란 구슬 39개를 가지고 있습니다. 물음에 답하세요.

241004-0205

**01** 규진이가 가지고 있는 전체 구슬 수를 덧셈식으로 나타내려고 합니다. ☐ 안에 알맞은 수를 써넣으세요.

$$25 + \boxed{\phantom{00}} = \boxed{\phantom{00}}$$

241004-0206

**02** 01의 덧셈식을 보고 뺄셈식 2개로 나타내려고 합니다. ☐ 안에 알맞은 수를 써넣으세요.

$$\boxed{\phantom{00}} - 25 = 39, \quad \boxed{\phantom{00}} - \boxed{\phantom{00}} = 25$$

[03~04] 형주는 사탕 22개 중에서 10개를 친구에게 주었습니다. 물음에 답하세요.

241004-0207

**03** 형주가 친구에게 주고 남은 사탕 수를 뺄셈식으로 나타내려고 합니다. ☐ 안에 알맞은 수를 써넣으세요.

$$22 - \boxed{\phantom{00}} = \boxed{\phantom{00}}$$

241004-0208

**04** 03의 뺄셈식을 보고 덧셈식 2개로 나타내려고 합니다. ☐ 안에 알맞은 수를 써넣으세요.

$$\boxed{\phantom{00}} + 10 = 22, \quad \boxed{\phantom{00}} + 12 = \boxed{\phantom{00}}$$

중요 241004-0209

**05** 덧셈식을 뺄셈식 2개로 나타내 보세요.

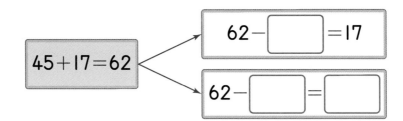

$$45 + 17 = 62$$

$$62 - \boxed{\phantom{00}} = 17$$

$$62 - \boxed{\phantom{00}} = \boxed{\phantom{00}}$$

중요 241004-0210

**06** 뺄셈식을 덧셈식 2개로 나타내 보세요.

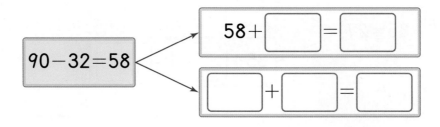

$$90 - 32 = 58$$

$$58 + \boxed{\phantom{00}} = \boxed{\phantom{00}}$$

$$\boxed{\phantom{00}} + \boxed{\phantom{00}} = \boxed{\phantom{00}}$$

**07** 덧셈식 39＋16＝55를 뺄셈식으로 바르게 나타낸 것에 ○표 하세요.

241004-0211

$$39-16=23 \qquad 55-16=39$$

(      )         (      )

[08~09] □ 안에 알맞은 수를 써넣으세요.

**08** 241004-0212

$$82-46=\boxed{\phantom{00}}$$
$$46+\boxed{\phantom{00}}=82$$

**09** 241004-0213

$$77+16=\boxed{\phantom{00}}$$
$$93-\boxed{\phantom{00}}=77$$

 도전

**10** 241004-0214

수 카드를 한 번씩만 사용하여 덧셈식과 뺄셈식을 만들어 보세요.

$$\boxed{83} \quad \boxed{47} \quad \boxed{36}$$

덧셈식 $\boxed{\phantom{00}}+\boxed{\phantom{00}}=\boxed{\phantom{00}}$      뺄셈식 $\boxed{\phantom{00}}-\boxed{\phantom{00}}=\boxed{\phantom{00}}$

도움말 먼저 세 수를 이용하여 덧셈식을 완성한 후 덧셈과 뺄셈의 관계를 이용하여 뺄셈식으로 나타냅니다.

 실생활 활용 문제   241004-0215

**11** 지아가 학교에 색종이를 가지고 왔습니다. 물음에 답하세요.

꽃무늬 색종이가 24장, 단색 색종이가 17장 있어. 내가 가진 색종이는 모두 몇 장일까?

(1) 지아가 가진 색종이는 모두 몇 장인지 덧셈식으로 나타내 보세요.

$$\boxed{\phantom{00}}+\boxed{\phantom{00}}=\boxed{\phantom{00}} (장)$$

(2) (1)의 덧셈식을 뺄셈식으로 나타내 보세요.

$$\boxed{\phantom{00}}-\boxed{\phantom{00}}=\boxed{\phantom{00}}$$

## 개념 10 □가 사용된 덧셈식을 만들고 □의 값을 구해 볼까요

구슬 4개가 있었는데 몇 개를 받았더니 구슬이 모두 7개가 되었습니다. 받은 구슬은 몇 개인지 구해 봅시다.

- 받은 구슬 수를 □를 사용하여 덧셈식으로 나타냅니다.
  ➡ $4+□=7$
- 그림을 그려 □의 값을 알아봅니다.

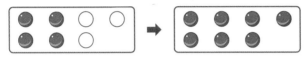

  구슬을 3개 더 그리면 구슬 수가 같아집니다. ➡ $□=3$

- 덧셈과 뺄셈의 관계를 이용하여 □의 값 구하기
  $5+□=11$
  ➡ $11-5=□$
  ➡ $□=6$

## 개념 11 □가 사용된 뺄셈식을 만들고 □의 값을 구해 볼까요

구슬 13개 중에서 몇 개를 동생에게 주었더니 구슬이 8개가 되었습니다. 동생에게 준 구슬은 몇 개인지 구해 봅시다.

- 동생에게 준 구슬 수를 □를 사용하여 뺄셈식으로 나타냅니다.
  ➡ $13-□=8$
- 그림을 그려 □의 값을 알아봅니다.

  구슬을 5개 지우면 구슬 수가 같아집니다. ➡ $□=5$

- 덧셈과 뺄셈의 관계를 이용하여 □의 값 구하기
  $□-9=5$
  ➡ $9+5=□$
  ➡ $□=14$

**문제를 풀며 이해해요**

241004-0216

**1** 빈 곳에 알맞은 수만큼 ○을 그리고, □ 안에 알맞은 수를 써넣으세요.

어떤 수를 □로 나타내고 □의 값을 구할 수 있는지 묻는 문제예요.

(1)
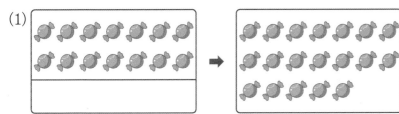

$14 + \boxed{\phantom{0}} = 19$

(2)
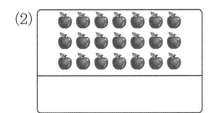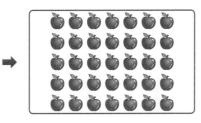

사과 21개에 ■개를 더했더니 35개가 되었어요.

$21 + \boxed{\phantom{0}} = 35$

241004-0217

**2** 왼쪽 그림에 알맞은 수만큼 /를 그리고, □ 안에 알맞은 수를 써넣으세요.

(1)

별 15개에서 ●개를 뺐더니 9개가 되었어요.

$15 - \boxed{\phantom{0}} = 9$

(2)
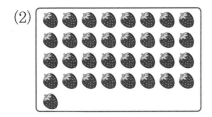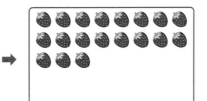

$33 - \boxed{\phantom{0}} = 19$

241004-0218

**01** 꽃밭에 벌이 23마리 있었습니다. 몇 마리 더 날아와서 30마리가 되었습니다. 날아온 벌의 수를 □로 하여 바르게 나타낸 식에 ○표 하세요.

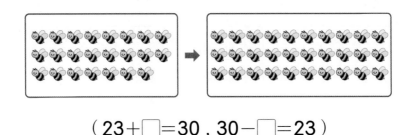

$$( 23+\square=30 \ , \ 30-\square=23 )$$

241004-0219

**02** 잠자리가 16마리 있었습니다. 몇 마리 날아가서 5마리가 남았습니다. 날아간 잠자리의 수를 □로 하여 바르게 나타낸 식에 ○표 하세요.

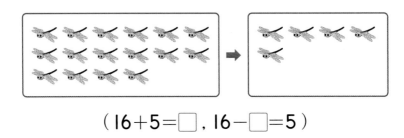

$$( 16+5=\square \ , \ 16-\square=5 )$$

241004-0220

**03** 그림을 보고 □를 사용하여 알맞은 덧셈식으로 나타내 보세요.

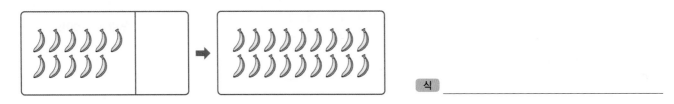

식 _____

[04~05] □를 사용하여 알맞은 식으로 나타내고 □ 안에 알맞은 수를 구해 보세요.

241004-0221

**04**

26 □
45

덧셈식 _____

답 _____

241004-0222

**05**

□
19 13

뺄셈식 _____

답 _____

**[06~07]** ☐ 안에 알맞은 수를 써넣으세요.

241004-0223

**06** $29 + \boxed{\phantom{00}} = 41$

241004-0224

**07** $\boxed{\phantom{00}} - 55 = 28$

중요 241004-0225

**08** 57과 어떤 수의 합은 85입니다. 어떤 수를 ☐로 하여 알맞은 식으로 나타내고 어떤 수를 구해 보세요.

식 _____  답 _____

중요 241004-0226

**09** 사탕이 50개 있었습니다. 재원이가 몇 개를 먹었더니 31개 남았습니다. 재원이가 먹은 사탕 수를 ☐로 하여 뺄셈식으로 나타내고 재원이가 먹은 사탕은 몇 개인지 구해 보세요.

식 _____  답 _____

도전 241004-0227

**10** ㉠과 ㉡의 합을 구해 보세요.

$$㉠ - 45 = 15 \qquad 45 + ㉡ = 63$$

( _____ )

도움말 ㉠과 ㉡의 값을 먼저 구해 봅니다.

 실생활 활용 문제 241004-0228

**11** 지호의 일기를 읽고 물음에 답하세요.

> 20××년 ×월 ×일 날씨 맑음
> 미국 여행을 다녀오면서 친구들에게 줄 기념품 **33**개를 샀다. 오늘 기념품 몇 개를 친구들에게 주었더니 **7**개가 남았다. 친구들이 좋아해서 나도 기분이 좋았다.

(1) 친구들에게 준 기념품을 ☐로 하여 알맞은 식으로 나타내 보세요.

식 _____

(2) 친구들에게 준 기념품은 몇 개일까요?

( _____ )

241004-0229

**01** 그림을 보고 □ 안에 알맞은 수를 써넣으세요.

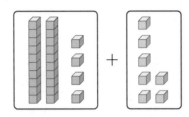

$24+7=$ ☐

241004-0230

**02** 이어 세기로 $67+6$을 구해 보세요.

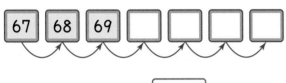

$67+6=$ ☐

241004-0231

**03** 8만큼 △을 그려 구해 보세요.

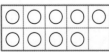 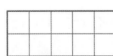

$29+8=$ ☐

241004-0232

**04** 빈칸에 알맞은 수를 써넣으세요.

| + | | |
|---|---|---|
| 34 | 27 | |
| 8 | 19 | |
| | | |

241004-0233

**05** 가장 큰 수와 가장 작은 수의 합을 구해 보세요.

| 8   47   11   35 |
|---|

(            )

**06** 241004-0234

14만큼 /로 지워 구해 보세요.

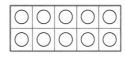

$$32-14=\boxed{\phantom{00}}$$

**07** 241004-0235

17을 10과 7로 가르기 하여 구해 보세요.

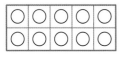

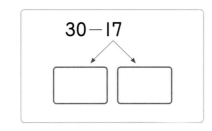

$$30-\boxed{\phantom{0}}-\boxed{\phantom{0}}$$

$$=\boxed{\phantom{0}}-\boxed{\phantom{0}}=\boxed{\phantom{0}}$$

**08** 241004-0236

계산 결과가 <u>다른</u> 하나를 찾아 기호를 써 보세요.

| ㉠ 23−8 | ㉡ 62−47 |
|---------|---------|
| ㉢ 32−14 | ㉣ 20−5 |

(                    )

**09** 241004-0237

계산 결과를 비교하여 ○ 안에 >, =, <를 알맞게 써넣으세요.

$$25-8\bigcirc30-14$$

**중요**
**10** 241004-0238

사과나무에 사과가 60개 달려 있었는데 오늘 이 나무에서 사과를 36개 땄습니다. 나무에 남은 사과는 몇 개일까요?

(                    )

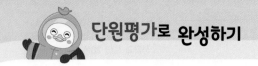

**11** 241004-0239

13+39−25를 계산하려고 합니다. □ 안에 알맞은 수를 써넣으세요.

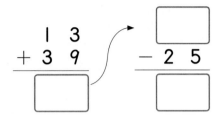

$$\begin{array}{r} 1\ 3 \\ +\ 3\ 9 \\ \hline \boxed{\phantom{00}} \end{array}$$

→ $\boxed{\phantom{00}}$

$$\begin{array}{r} -\ 2\ 5 \\ \hline \boxed{\phantom{00}} \end{array}$$

**12** 241004-0240

빈 곳에 알맞은 수를 써넣으세요.

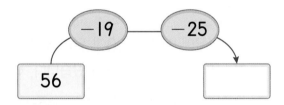

56

**13** 241004-0241

계산 결과가 큰 것부터 순서대로 기호를 써 보세요.

⊙ 22+19+35
© 78−59+38
© 35+48−12

(　　　　　　)

**14** 241004-0242

덧셈식을 뺄셈식 2개로 나타내 보세요.

54+28=82

$\boxed{\phantom{00}}$ −54= $\boxed{\phantom{00}}$

$\boxed{\phantom{00}}$ −28= $\boxed{\phantom{00}}$

**15** 241004-0243

관계 있는 것끼리 선으로 이어 보세요.

17−9=8 ·　　　· 9+8=17

65+28=93 ·　　　· 19+17=36

36−19=17 ·　　　· 93−28=65

**16** 왼쪽 그림에 알맞은 수만큼 /를 그리고 □ 안에 알맞은 수를 써넣으세요.

241004-0244

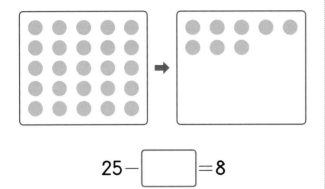

$$25 - \boxed{\phantom{00}} = 8$$

**17** □ 안에 들어갈 수가 <u>다른</u> 하나를 찾아 기호를 써 보세요.

241004-0245

ㄱ □ − 33 = 7
ㄴ 47 + □ = 76
ㄷ 36 + □ = 65
ㄹ 84 − □ = 55

(       )

**중요 18** 78과 어떤 수의 합은 93입니다. 어떤 수를 □로 하여 알맞은 식으로 나타내고 어떤 수를 구해 보세요.

241004-0246

식 _____

답 _____

**서술형 19** 자두 32개 중 동생에게 몇 개를 주었더니 15개가 남았습니다. 동생에게 준 자두는 몇 개인지 구해 보세요.

241004-0247

풀이

(1) 동생에게 준 자두 수를 □로 하여 식으로 나타내면 (       )입니다.

(2) 덧셈과 뺄셈의 관계를 이용하여 구하면 □ = (      )입니다.

(3) 동생에게 준 자두는 (      )개입니다.

답 _____

**도전 20** 3장의 수 카드를 한 번씩 사용하여 주어진 계산 결과가 나오도록 식을 완성해 보세요.

241004-0248

| 2 | 3 | 8 |

$$\begin{array}{r} 5\ \boxed{\phantom{0}} \\ -\ \boxed{\phantom{0}}\ \boxed{\phantom{0}} \\ \hline 2\ \ 5 \end{array}$$

# 4

# 길이 재기

### 단원 학습 목표

1. 직접 맞대어 길이를 비교하기 어려울 때 구체물을 이용하여 길이를 비교할 수 있습니다.

2. 여러 가지 단위를 이용하여 물건의 길이를 잴 수 있습니다.

3. 1 cm 단위를 이용해 자로 길이를 잴 수 있습니다.

4. 물건의 길이가 자의 눈금 사이에 있을 때 길이를 '약 몇 cm'로 나타낼 수 있습니다.

5. 물건의 길이를 어림하여 '약 몇 cm'로 나타내고 자로 재어 확인할 수 있습니다.

### 단원 진도 체크

| 회차 | | 학습 내용 | 진도 체크 |
|---|---|---|---|
| 1차 | 교과서 개념 배우기 + 문제 해결하기 | **개념 1** 길이를 비교하는 방법을 알아볼까요<br>**개념 2** 여러 가지 단위로 길이를 재어 볼까요 | ✓ |
| 2차 | 교과서 개념 배우기 + 문제 해결하기 | **개념 3** 1 cm를 알아볼까요<br>**개념 4** 자로 길이를 재는 방법을 알아볼까요 | ✓ |
| 3차 | 교과서 개념 배우기 + 문제 해결하기 | **개념 5** 자로 길이를 재어 볼까요<br>**개념 6** 길이를 어림하고 어떻게 어림했는지 말해 볼까요 | ✓ |
| 4차 | 단원평가로 완성하기 | 확인 평가를 통해 단원 학습 내용을 확인해 보아요 | ✓ |

해당 부분을 공부하고 나서 ✓표를 하세요.

세정이는 엄마와 함께 인터넷으로 신발을 사려고 하는데 어떤 신발 사이즈를 주문해야 할지 고민이에요. 신발 사이즈가 무엇일까요? 신발의 바닥이나 뒤쪽을 살펴보면 200, 210, 220과 같은 수가 적혀 있는데 그 수의 크기가 신발 사이즈예요! 신발 사이즈를 알려면 먼저 발의 길이를 알아야 해요. 길이는 어떻게 재는 걸까요? '발 길이가 20 cm'라는 말은 무슨 뜻일까요?

이번 4단원에서는 여러 가지 단위로 길이를 재어 보고, 1 cm 단위를 이용해 자로 길이를 재어 볼 거예요. 길이를 어림하는 방법도 배울 거예요.

## 교과서 개념 배우기

### 개념 1   길이를 비교하는 방법을 알아볼까요

- 직접 맞대어 길이를 비교하기 어려울 때는 종이띠를 이용해 길이를 비교할 수 있습니다.

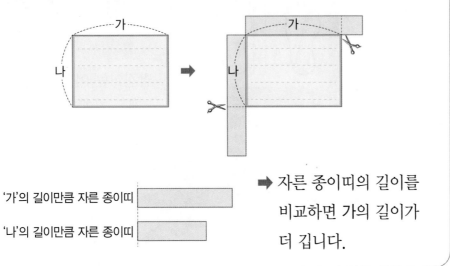

'가'의 길이만큼 자른 종이띠 ▢

'나'의 길이만큼 자른 종이띠 ▢

➡ 자른 종이띠의 길이를 비교하면 가의 길이가 더 깁니다.

• 종이띠 대신 끈, 리본, 막대기 등을 이용해서 길이를 비교할 수도 있습니다.

### 개념 2   여러 가지 단위로 길이를 재어 볼까요

- 색연필의 길이를 지우개로 잴 수 있습니다. 이때 지우개를 단위라고 합니다.

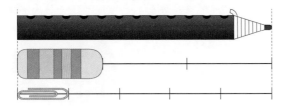

┌ 색연필의 길이는 지우개로 **3**번입니다.
└ 색연필의 길이는 클립으로 **5**번입니다.

- 길이를 잴 때 사용할 수 있는 단위에는 여러 가지가 있습니다.

• 뼘 알아보기

– 손가락을 한껏 벌린 길이를 뼘이라고 합니다.

• 단위길이
 – 어떤 길이를 재는 데 기준이 되는 길이를 단위길이라고 합니다.
 – 단위길이가 길수록 길이를 잰 횟수는 적습니다.
 – 단위길이가 짧을수록 길이를 잰 횟수는 많습니다.

문제를 풀며 이해해요

241004-0249

**1** 지우와 경수는 나뭇가지를 하나씩 찾아 나뭇가지의 길이만큼 리본을 잘랐더니 다음과 같았습니다. 더 짧은 나뭇가지를 찾은 사람의 이름을 써 보세요.

 지우       경수

지우가 자른 리본 ▭

경수가 자른 리본 ▭

(            )

길이를 비교하는 방법을 알고 있는지 묻는 문제예요.

241004-0250

**2** 그림을 보고 ▢ 안에 알맞은 수를 써넣으세요.

(1)

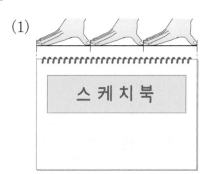

스케치북의 긴 쪽의 길이는 ▢ 뼘입니다.

(2)

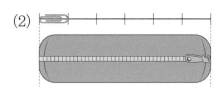

필통의 길이는 클립으로 ▢ 번입니다.

여러 가지 단위로 길이를 재어 수로 나타낼 수 있는지 묻는 문제예요.

241004-0251

**01** 주변의 물건을 이용하여 '가'와 '나'의 길이를 비교해 보세요. 더 짧은 것은 어느 것인가요?

가        나

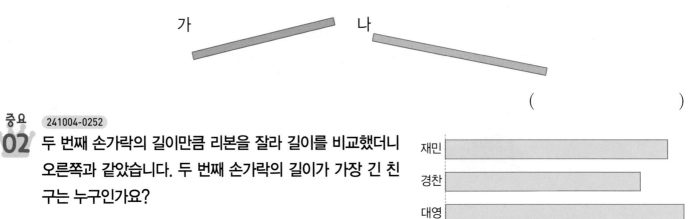

(                    )

중요
**02** 241004-0252

두 번째 손가락의 길이만큼 리본을 잘라 길이를 비교했더니 오른쪽과 같았습니다. 두 번째 손가락의 길이가 가장 긴 친구는 누구인가요?

(          )

| | |
|---|---|
| 재민 | |
| 경찬 | |
| 대영 | |

241004-0253

**03** 머리핀과 풀 중 더 긴 것은 어느 것인가요?

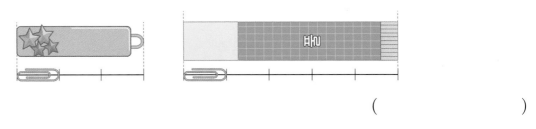

(                    )

[04~06] 책상의 긴 쪽의 길이를 크레파스와 연필로 각각 재었습니다. 물음에 답하세요.

241004-0254

**04** ☐ 안에 알맞은 수를 써넣으세요.

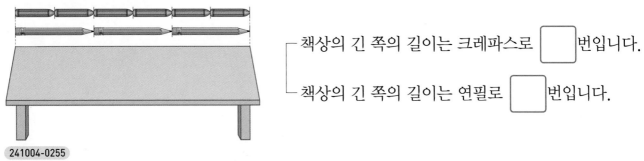

┌ 책상의 긴 쪽의 길이는 크레파스로 ☐ 번입니다.

└ 책상의 긴 쪽의 길이는 연필로 ☐ 번입니다.

241004-0255

**05** 크레파스와 연필 중 단위길이가 더 긴 것은 어느 것인가요?

(                    )

241004-0256

**06** 알맞은 말에 ○표 하세요.

단위길이가 길수록 길이를 잰 횟수는 ( 많습니다 , 적습니다 ).

**중요**
**07** 241004-0257
텔레비전의 길이를 뼘으로 재었습니다. □ 안에 알맞은 수를 써넣으세요.

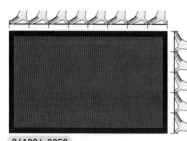

텔레비전의 긴 쪽의 길이는 □ 뼘이고,

짧은 쪽의 길이는 □ 뼘입니다.

241004-0258
**08** 지원이의 발로 길이를 재었더니 잰 횟수가 다음과 같았습니다. 길이가 가장 긴 것의 기호를 써 보세요.

| ㉠ 방문의 짧은 쪽: 6번쯤 | ㉡ 책장의 짧은 쪽: 11번쯤 | ㉢ 침대의 짧은 쪽: 9번쯤 |

( )

241004-0259
**09** 길이를 재는 단위로 사용하기에 좋지 <u>않은</u> 것은 어느 것인가요? ( )

① 지우개        ② 고무줄        ③ 바둑돌        ④ 머리핀        ⑤ 열쇠

**도전**
**10** 241004-0260
냉장고의 짧은 쪽의 길이를 뼘으로 재어 나타낸 것입니다. 한 뼘의 길이가 가장 짧은 친구는 누구일까요?

| 송주 | 지민 | 윤서 |
|------|------|------|
| 9뼘쯤 | 11뼘쯤 | 8뼘쯤 |

( )

**도움말** 단위길이가 짧을수록 길이를 잰 횟수가 많습니다.

🐰 **실생활 활용 문제** 241004-0261

**11** 유주는 새로 산 서랍장이 침대와 책상 사이의 공간인 ㉮에 들어가는지 알고 싶습니다. 서랍장의 길이를 연필로 재었더니 다음과 같았습니다. ㉮의 길이가 어떻게 되어야 서랍장이 들어가는지 □ 안에 알맞은 수를 써넣으세요.

서랍장이 들어가려면 ㉮의 길이는

연필로 재었을 때 □ 번보다 길어야 합니다.

---

### 개념 **3** | cm를 알아볼까요

- 같은 길이를 재는 데 단위가 사람마다 다르면 정확한 길이를 알 수 없으므로 길이를 똑같이 나타낼 수 있는 단위가 필요합니다.

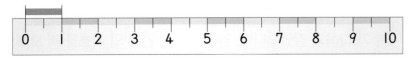

━━━의 길이를 **1 cm** 라 쓰고 **1** 센티미터라고 읽습니다.

- 초록색 막대의 길이는 1 cm(━━━)가 **2**번이므로 **2** cm입니다.

- | cm는 세계에서 공통으로 사용하는 길이 단위 중 하나입니다.

- | cm가 ■번인 길이

  쓰기 ■ cm
  읽기 ■센티미터

---

### 개념 **4** 자로 길이를 재는 방법을 알아볼까요

- 자를 이용하여 길이 재는 방법 (1)

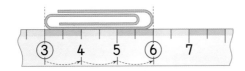

① 연필의 한쪽 끝을 자의 눈금 **0**에 맞춥니다.

② 연필의 다른 쪽 끝에 있는 자의 눈금을 읽습니다.

➡ 연필의 길이는 **9** cm입니다.

- 자를 이용하여 길이 재는 방법 (2)

물건의 한쪽 끝이 **0**에 놓여 있지 않을 때, 한쪽 끝에서 다른 쪽 끝까지 | cm가 몇 번 들어가는지 셉니다.

➡ 클립의 길이는 **3** cm입니다.

- 자의 잘못된 사용

– 물건의 한쪽 끝을 자의 눈금 **0**에 잘 맞추어야 합니다.

– 물건을 자와 나란히 놓아야 합니다.

**문제를 풀며 이해해요**

241004-0262

**1** ▭의 길이를 **1 cm**라고 할 때 색 테이프의 길이를 알아보려고 합니다. 빈칸에 알맞게 써넣으세요.

색 테이프의 길이를 cm 단위로 나타낼 수 있는지 묻는 문제예요.

(1) ▭ ➡ **1 cm**가 ☐ 번

쓰기 _____  읽기 _____

(2) ▭ ➡ **1 cm**가 ☐ 번

쓰기 _____  읽기 _____

241004-0263

**2** 물건의 길이는 몇 **cm**인지 구해 보세요.

물건의 한쪽 끝을 자의 눈금 0에 잘 맞춘 뒤 다른 쪽 끝에 있는 자의 눈금을 읽어 보아요.

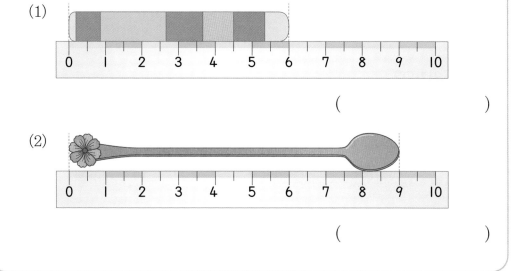

(1) (      )

(2) (      )

**01** 241004-0264

☐ 안에 알맞게 써넣으세요.

┃━━┃의 길이를 [          ]라 쓰고

[                              ](이)라고 읽습니다.

**02** 241004-0265

막대를 5 cm만큼 색칠해 보세요.

┃1 cm┃

**03** 241004-0266

☐ 안에 알맞은 수를 써넣으세요.

(1) 1 cm가 10번이면 [       ] cm입니다.　　(2) 7 cm는 1 cm로 [       ] 번입니다.

**04** 241004-0267

한 칸의 길이가 1 cm일 때 주어진 길이만큼 선을 그어 보세요.

6 cm　

중요
**05** 241004-0268

막대의 길이를 자로 재면 몇 cm인가요?

(                    )

중요
**06** 241004-0269

아름이 이름표의 길이는 몇 cm인가요?

서 아 름

(                    )

**07** 241004-0270

숟가락의 한쪽 끝을 자의 눈금 2에 맞추고 숟가락의 다른 쪽 끝에 있는 자의 눈금을 읽었더니 10이었습니다. 숟가락의 길이는 몇 cm일까요?

(                    )

241004-0271

**08** 색 막대의 길이에 대한 설명 중 옳은 것을 찾아 기호를 써 보세요.

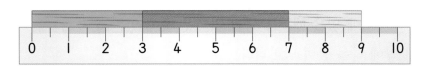

> ㉠ 노란색 막대의 길이는 **9** cm입니다.
> ㉡ 주황색 막대와 노란색 막대의 길이를 더하면 **7** cm입니다.
> ㉢ 파란색 막대와 노란색 막대의 길이를 더하면 **5** cm입니다.

( )

241004-0272

**09** 이쑤시개가 면봉보다 몇 **cm** 더 긴지 자로 재어 구해 보세요.

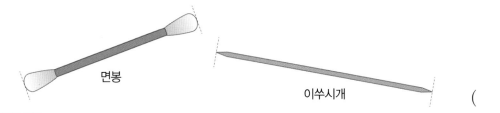

면봉

이쑤시개                ( )

도전

**10** 오른쪽 그림과 같이 한 변의 길이가 **1** cm인 삼각형 **4**개를 이어 붙여 큰 삼각형 **1**개를 만들었습니다. 빨간색 선의 길이를 모두 더하면 몇 **cm**일까요?                ( )

도움말 빨간색 선에 **1** cm가 몇 개 들어가는지 알아봅니다.

241004-0273

실생활 활용 문제    241004-0274

**11** 겨울에 눈이 내리면 땅 위에 쌓여 있는 눈의 양을 **cm** 단위를 사용하여 '적설량'으로 나타냅니다. 적설량은 몇 **cm**인지 자로 재어 구해 보세요.

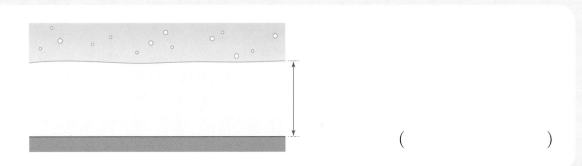

( )

## 개념 5 자로 길이를 재어 볼까요

- 길이가 자의 눈금 사이에 있을 때는 눈금과 가까운 쪽에 있는 숫자를 읽으며, 숫자 앞에 약을 붙여 말합니다.

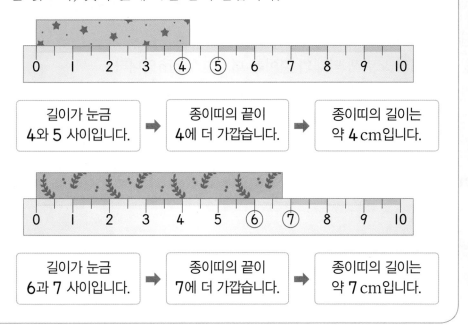

| 길이가 눈금 4와 5 사이입니다. | → | 종이띠의 끝이 4에 더 가깝습니다. | → | 종이띠의 길이는 약 4 cm입니다. |

| 길이가 눈금 6과 7 사이입니다. | → | 종이띠의 끝이 7에 더 가깝습니다. | → | 종이띠의 길이는 약 7 cm입니다. |

- **다양한 방법으로 길이 표현하기**
  - 4 cm보다 조금 더 깁니다.
  - 4 cm에 가깝습니다.
  - 길이가 4 cm와 5 cm 사이입니다.

## 개념 6 길이를 어림하고 어떻게 어림했는지 말해 볼까요

- 자를 사용하지 않고 물건의 길이가 얼마쯤인지 어림할 수 있습니다. 어림한 길이를 말할 때는 약 ☐ cm라고 합니다.
- 엄지손톱의 길이가 약 1 cm이므로 손톱을 옮겨가며 길이를 어림할 수 있습니다.

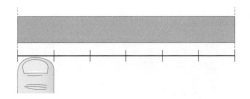

➡ 종이띠의 길이는 엄지손톱으로 6번쯤이므로 길이는 약 6 cm 입니다.

- **어림한 길이**
  - 어림은 정확한 값이 아니므로 어림한 길이와 자로 잰 길이가 다를 수 있습니다.
  - 어림한 길이와 자로 잰 길이가 가까울수록 잘 어림한 것입니다.

**문제를 풀며 이해해요**

241004-0275

**1** ☐ 안에 알맞은 수를 써넣으세요.

물건의 길이를 어림할 수 있는지 묻는 문제예요.

(1)

0  1  2  3  4  5  6  7  8  9  10

한쪽 끝이 눈금 ☐ 와/과 ☐ 사이에 있고 ☐ 에 더 가까

우므로 색연필의 길이는 약 ☐ cm입니다.

(2)

0  1  2  3  4  5  6  7  8  9  10

물건의 한쪽 끝이 0일 때 다른 쪽 끝이 어느 눈금의 숫자에 더 가까운지 확인해 보아요.

한쪽 끝이 눈금 ☐ 와/과 ☐ 사이에 있고 ☐ 에

더 가까우므로 가위의 길이는 약 ☐ cm입니다.

241004-0276

**2** 연두색 막대의 길이가 **4 cm**라면 칫솔의 길이는 얼마인지 어림하고 자로 재어 확인해 보세요.

연두색 막대가 칫솔에 몇 번쯤 들어가는지 확인해 보아요.

┌─ 어림한 길이는 약 ☐ cm입니다.

└─ 자로 잰 길이는 ☐ cm입니다.

241004-0277

**01** ☐ 안에 알맞은 수를 써넣으세요.

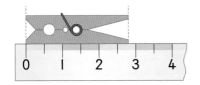

파란색 점은 **2**와 **3** 중에서 ☐ 에 더 가깝습니다.

빨간색 점은 **4**와 **5** 중에서 ☐ 에 더 가깝습니다.

241004-0278

**02** 집게의 길이를 바르게 나타낸 것을 모두 찾아 기호를 써 보세요.

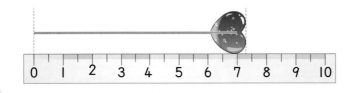

⊙ 약 **3** cm입니다.     ⓒ 약 **2** cm입니다.

ⓒ **3** cm보다 조금 깁니다.    ⓔ **3** cm보다 조금 짧습니다.

(        )

중요   241004-0279

**03** 사탕의 길이는 약 몇 cm인가요?

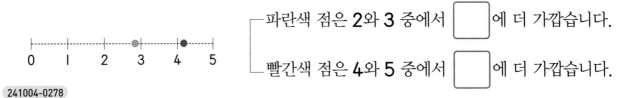

약 (       )

241004-0280

**04** 열쇠의 길이는 약 몇 cm인지 자로 재어 보세요.

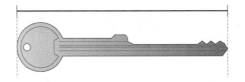

약 (       )

241004-0281

**05** 볼펜의 길이를 약 **9** cm로 어림했습니다. 자로 재어 보고 알맞은 말에 ○표 하세요.

볼펜을 어림한 길이는 자로 잰 길이보다 ( 짧습니다 , 깁니다 ).

241004-0282

**06** 블럭의 길이는 약 몇 cm인가요?

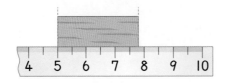

약 (       )

**07** 가의 길이는 6 cm입니다. 가를 이용하여 나의 길이를 어림하고 자로 재어 확인해 보세요.

241004-0283

가

나

어림한 길이 ➡ 약 (                    )

자로 잰 길이 ➡ (                    )

중요

**08** 엄지손톱의 길이는 약 1 cm입니다. 크레파스의 길이를 엄지손톱을 이용해 어림해 보세요.

241004-0284

약 (                    )

**09** 한 뼘의 길이는 약 10 cm입니다. 그림을 보고 피아노의 길이를 어림해 보세요.

241004-0285

약 (                    )

도전

**10** 선의 길이를 실제 길이에 더 가깝게 어림한 친구는 누구일까요?

241004-0286

주아: 약 9 cm라고 생각해.

나연: 약 6 cm인 것 같아.

도움말 자로 잰 길이와 어림한 길이의 차를 비교해 봅니다.

(                    )

🐰 **실생활 활용 문제**    241004-0287

**11** 형우는 깊이가 9 cm인 컵에 빨대를 꽂아 물을 마시려고 합니다. 어떤 빨대를 쓰면 좋을지 길이를 어림해 보고 자로 재어 찾아 기호를 써 보세요.

㉠

㉡

㉢

(                    )

241004-0288

**01** 리코더가 바구니에 들어가는지 알기 위해 리본을 잘라 길이를 비교하려고 합니다. 더 긴 쪽에 ○표 하세요.

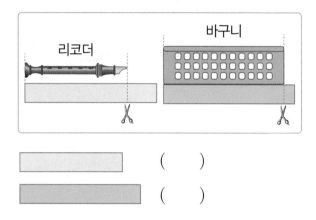

(　　　)

(　　　)

241004-0289

**02** 스피커의 긴 쪽의 길이만큼 끈을 자르려고 합니다. 바르게 잰 색깔의 끈을 찾아 잘라야 하는 곳에 선을 그어 보세요.

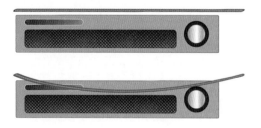

**[03~04]** 바둑돌과 지우개로 애호박의 길이를 재었습니다. 물음에 답하세요.

241004-0290

**03** □ 안에 알맞은 수를 써넣으세요.

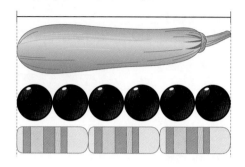

┌ 애호박의 길이는 바둑돌로 □ 번입니다.

└ 애호박의 길이는 지우개로 □ 번입니다.

241004-0291

**04** 바둑돌과 지우개 중 길이를 잰 횟수가 더 적은 것은 어느 것인가요?

(　　　　　　　)

241004-0292

**05** 돋보기의 길이는 클립으로 몇 번인가요?

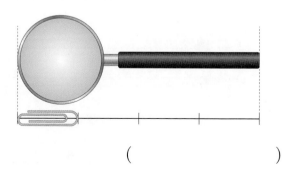

(　　　　　　　)

**06** 241004-0293
1 cm와 길이가 비슷한 것은 어느 것일까요?
(      )

① 젓가락의 길이    ② 엄지손톱의 길이
③ 볼펜의 길이      ④ 한 뼘의 길이
⑤ 실내화의 길이

**중요**
**07** 241004-0294
알맞은 것끼리 선으로 이어 보세요.

| 1 cm가 7번 | · | · | 5 cm |
| 1 cm가 8번 | · | · | 7 cm |
| 1 cm가 5번 | · | · | 8 cm |

**08** 241004-0295
주어진 길이만큼 색칠해 보세요.

(1) **6 cm**

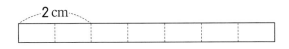

(2) **5 cm**

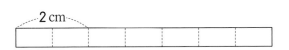

**09** 241004-0296
노란색 선과 빨간색 선의 길이를 자로 재어 비교하고, 더 짧은 선의 색깔을 써 보세요.

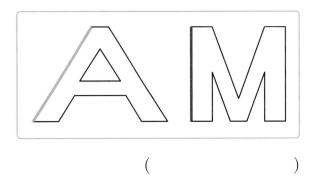

(          )

**10** 241004-0297
1 cm가 7번인 화살표를 찾아 기호를 써 보세요.

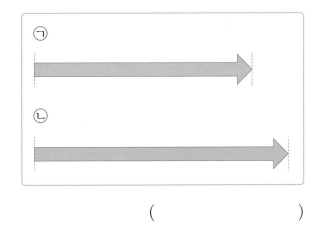

(          )

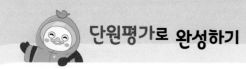

241004-0298

**11** ☐ 안에 알맞은 수를 써넣으세요.

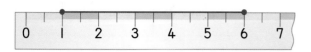

눈금 **1**부터 **6**까지의 길이는 **1** cm가 ☐ 번

이므로 빨간색 선의 길이는 ☐ cm입니다.

241004-0299

**12** 초록색 선은 몇 **cm**인지 바르게 말한 친구는 누구인가요?

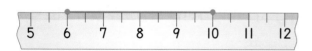

| 우진 | 제아 | 채원 |
|------|------|------|
| 4 cm | 6 cm | 10 cm |

( )

241004-0300

**13** 과자의 길이를 자로 재어 보세요.

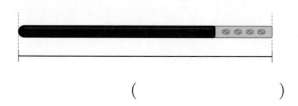

( )

도전 241004-0301

**14** 그림 카드에서 길이가 긴 변의 길이와 짧은 변의 길이를 더하면 몇 **cm**일까요?

( )

241004-0302

**15** 양초의 길이를 가장 잘 나타낸 것은 어느 것인가요? ( )

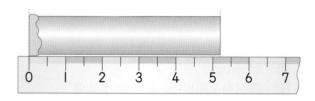

① 5 cm          ② 6 cm

③ 약 5 cm       ④ 약 6 cm

⑤ 약 7 cm

**중요**

**16** 241004-0303

막대의 길이는 약 몇 cm인가요?

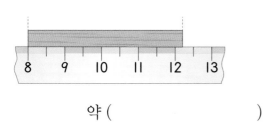

약 (               )

**17** 241004-0304

몸의 부분의 길이를 바르게 어림한 것끼리 선으로 이어 보세요.

| 발의 길이 | • | • 약 20 cm |
|---|---|---|
| 손끝에서 어깨까지의 길이 | • | • 약 5 cm |
| 다섯 번째 손가락의 길이 | • | • 약 50 cm |

**18** 241004-0305

파란색 막대의 길이는 1 cm입니다. 약병의 길이를 어림하고 자로 재어 ☐ 안에 알맞은 수를 써넣으세요.

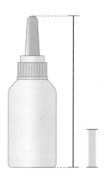

| 어림한 길이 | 자로 잰 길이 |
|---|---|
| 약 ☐ cm | ☐ cm |

**19** 241004-0306

길이가 3 cm에 가장 가까운 선을 찾아 ○표 하세요.

**서술형**

**20** 241004-0307

칠판 지우개의 긴 쪽의 길이를 실제 길이와 더 가깝게 어림한 친구는 누구인지 구해 보세요.

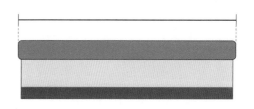

선주: 지우개의 긴 쪽의 길이는 10 cm 쯤 될 것 같아.
준우: 나는 7 cm쯤 될 것 같아.

**풀이**

(1) 칠판 지우개의 긴 쪽의 길이를 자로 재어 보면 (       ) cm입니다.

(2) 실제 길이와 선주가 어림한 길이의 차는 (       ) cm이고, 준우가 어림한 길이의 차는 (       ) cm입니다.

(3) 실제 길이와 더 가깝게 어림한 친구는 (       )입니다.

**답** _____

# 5

# 분류하기

　지호와 친구는 문구점에 왔어요. 무엇을 살지 보다가 물건이 담겨 있는 상자를 쏟아 버렸어요. 여러 가지 물건이 섞여 있어서 어떻게 정리해야 할지 모르겠어요. 어떻게 해야 보기 쉽게 정리할 수 있을까요?

　이번 5단원에서는 분류는 어떻게 하는지 알아보고 기준에 따라 분류한 후 분류한 결과를 세어 보고 결과를 말하는 방법에 대해 배울 거예요.

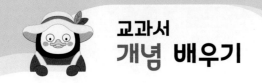

교과서
## 개념 배우기

### 개념 1  분류는 어떻게 할까요

- 어떤 기준을 정해서 나누는 것을 분류라고 합니다.
- 정은이와 은학이가 좋아하는 옷과 좋아하지 않는 옷으로 분류했습니다.

|  | 좋아하는 옷 | 좋아하지 않는 옷 |
|---|---|---|
| 정은 | ㉠, ㉡, ㉤ | ㉢, ㉣, ㉥ |
| 은학 | ㉠, ㉣, ㉥ | ㉡, ㉢, ㉤ |

➡ 정은이와 은학이가 분류한 것이 서로 다릅니다.
➡ 사람마다 좋아하는 옷이 다를 수 있으므로 분류 기준으로 적당하지 않습니다.

**· 분류 기준 정하는 방법**
① 모두가 인정하는 분명한 기준
② 누가 분류하더라도 같은 결과가 나올 수 있는 기준
③ 모든 물건이 나누어질 수 있는 기준

### 개념 2  기준에 따라 분류해 볼까요

- 색깔을 기준으로 옷을 분류했습니다.

| 빨간색 | 노란색 | 파란색 |
|---|---|---|
| ㉠, ㉣ | ㉢, ㉥ | ㉡, ㉤ |

- 무늬를 기준으로 옷을 분류했습니다.

| ♡ | ☆ | 무늬없음 |
|---|---|---|
| ㉠, ㉤ | ㉣, ㉥ | ㉡, ㉢ |

➡ 분명한 기준을 세우면 누가 분류해도 결과가 같습니다.

**· 분명한 기준으로 분류하면 물건을 찾을 때 정확하게 찾을 수 있습니다.**

**문제를 풀며 이해해요**

241004-0308

**1** 분류 기준으로 알맞은 것을 찾아 기호를 써 보세요.

> ㉠ 흰색 신발과 검은색 신발
> ㉡ 좋아하는 신발과 좋아하지 않는 신발
> ㉢ 편한 신발과 편하지 않은 신발

( )

 분류 기준을 알고 바르게 분류할 수 있는지 묻는 문제예요.

분류 기준을 정할 때는 누가 분류하더라도 같은 결과가 나올 수 있어야 해요.

241004-0309

**2** 주어진 기준으로 분류하여 빈 곳에 기호를 써넣으세요.

| 하늘을 날 수 있는 동물 | |
|---|---|
| 하늘을 날 수 없는 동물 | |

분류한 다음에는 빠뜨리거나 중복하여 센 것이 있는지 확인해 보아요.

**01** 241004-0310

연수는 양말을 다음과 같이 분류했습니다. 연수가 정한 분류 기준이 무엇인지 써 보세요.

| 파란색 양말 | 흰색 양말 | 노란색 양말 |
|---|---|---|
|  | | |

( )

**02** 241004-0311

연필을 연필꽂이 두 개에 정리하려고 합니다. 어떻게 분류하여 정리하면 좋을지 써 보세요.

중요
**03** 241004-0312

지은이가 아이스크림을 분류했습니다. 분류 기준으로 알맞지 않은 이유를 쓰고 알맞은 분류 기준을 한 가지만 써 보세요.

맛있는 것

맛없는 것

이유

분류 기준

**04** 241004-0313

기준을 정하여 과일을 분류했습니다. 분류 기준을 쓰고, ☐ 안에 알맞은 말을 써넣으세요.

포도  딸기  레몬
사과  블루베리  바나나

분류 기준

| | | |
|---|---|---|
| | | |
| 포도, 블루베리 | 사과, 딸기 | 레몬, 바나나 |

241004-0314

**05** 다음과 같이 정리하였습니다. 잘못 분류된 칸의 기호를 써 보세요.

| ㉠ 사전 | ㉡ 동화책 | ㉢ 교과서 |
|---|---|---|
|  | | |
| 한글 사전  동물 사전  공룡 사전 | 춘향전  피터팬  혹부리 영감 | 국어  수학  봄  백설공주 |

(                    )

도전

**06** 과자를 분류할 수 있는 기준을 2가지 찾아 써 보세요.

| 분류 기준 1 | |
|---|---|
| 분류 기준 2 | |

도움말 어느 누가 분류해도 결과가 같도록 분류 기준을 찾습니다.

중요

241004-0316

**07** 다음 중 옳지 <u>않은</u> 것은 어느 것일까요? (                )

① 분류하면 정리가 되어 있어 보기에 좋습니다.
② 분류하면 다음에 내가 원하는 것을 쉽게 찾을 수 있습니다.
③ 분류 기준이 다르면 분류한 것이 다릅니다.
④ 하나의 기준으로만 분류할 수 있습니다.

**실생활 활용 문제** 241004-0317

**08** 은주가 엄마와 함께 냉장고를 정리하려고 합니다. 물음에 답하세요.

사과      복숭아      닭고기

돼지고기    소고기      감

(1) 분류 기준을 정해 보세요. **분류 기준** _____

(2) 기준에 따라 분류해 보세요.

| 종류 | | |
|---|---|---|
| 음식 이름 | | |

## 개념 3  분류하여 세어 볼까요

• 사탕을 맛에 따라 분류하여 세어 봅시다.

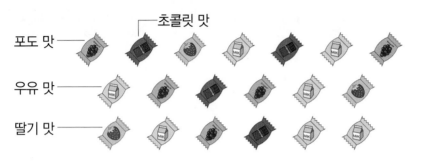

| 맛 | 포도 맛 | 딸기 맛 | 우유 맛 | 초콜릿 맛 |
|---|---|---|---|---|
| 세면서 표시하기 | /// / | /// | /// // | //// |
| 사탕 수(개) | 5 | 3 | 7 | 4 |

➡ 수를 셀 때는 여러 번 세거나 빠뜨리지 않도록 합니다.

• 주의할 점
① 조사한 자료를 셀 때 자료를 빠뜨리지 않고 모두 세기 위해서 센 것에는 표시하며 셉니다.
② 모든 자료를 세어 본 후에는 전체 수와 센 결과가 일치하는지 확인합니다.

## 개념 4  분류한 결과를 말해 볼까요

• 빵 가게에서 팔린 빵을 종류에 따라 분류하고 분류한 결과를 말해 봅시다.

| 종류 | 단팥빵 | 식빵 | 에그타르트 | 샌드위치 |
|---|---|---|---|---|
| 빵 수(개) | 3 | 6 | 2 | 1 |

➡ 식빵이 가장 많이 팔렸으므로 식빵을 더 많이 준비하면 좋습니다.

• 분류되어 있으면 편리한 점
① 쉽게 찾을 수 있습니다.
② 정리되어 깔끔합니다.
③ 무엇이 더 많은지 적은지 비교하기 편리합니다.

문제를 풀며 이해해요

241004-0318

**1** 연서네 반 친구들이 학급에서 키우고 싶어 하는 곤충을 조사하였습니다. 물음에 답하세요.

기준에 따라 분류하여 세어 보기를 할 수 있는지 묻는 문제예요.

| | | | | | |
|---|---|---|---|---|---|
| 장수풍뎅이 | 나비 | 사슴벌레 | 나비 | 장수풍뎅이 | 사슴벌레 |
| 사슴벌레 | 사슴벌레 | 장수풍뎅이 | 매미 | 사슴벌레 | 나비 |
| 나비 | 매미 | 장수풍뎅이 | 사슴벌레 | 사슴벌레 | 장수풍뎅이 |

(1) 곤충에 따라 분류하여 그 수를 세어 보세요.

| 곤충 | 장수풍뎅이 | 사슴벌레 | 매미 | 나비 |
|---|---|---|---|---|
| 세면서 표시하기 | | | | |
| 학생 수(명) | | | | |

먼저 키우고 싶어 하는 곤충에 따라 수를 표시하면서 세어 보아요.

(2) 가장 많은 친구들이 키우고 싶어 하는 곤충은 무엇인가요?

(            )

곤충에 따라 분류하여 센 수를 비교해 보아요.

(3) 가장 적은 친구들이 키우고 싶어 하는 곤충은 무엇인가요?

(            )

(4) 학급에서 키우면 좋을 곤충은 무엇인가요?

(            )

## 교과서
## 문제 해결하기

**[01~02]** 카드 뒤집기 놀이를 하였습니다. 물음에 답하세요.

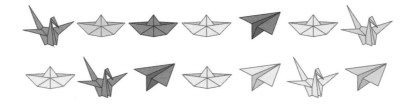

241004-0319

**01** 카드를 색깔에 따라 분류하여 그 수를 세어 보세요.

| 색깔 | 검은색 | 흰색 |
|---|---|---|
| 카드 수(장) | | |

중요 241004-0320

**02** 정화네 모둠의 카드는 흰색이고 혁수네 모둠의 카드는 검은색입니다. 카드의 수가 많은 모둠이 이길 때 이긴 모둠은 어느 모둠인가요?

( )

**[03~05]** 은희가 모아두었던 종이접기 작품을 꺼내 보았습니다. 물음에 답하세요.

241004-0321

**03** 종이접기 작품을 모양에 따라 분류하여 그 수를 세어 보세요.

| 모양 | 배 | 비행기 | 학 |
|---|---|---|---|
| 작품 수(개) | | | |

241004-0322

**04** 종이접기 작품을 색깔에 따라 분류하여 그 수를 세어 보세요.

| 색깔 | 빨간색 | 노란색 | 파란색 |
|---|---|---|---|
| 작품 수(개) | | | |

중요 241004-0323

**05** 은희는 다음과 같은 기준을 만들었습니다. 기준에 알맞은 종이접기 작품은 모두 몇 개인가요?

> • 탈것을 만든 작품입니다.
> • 빨간색 색종이로 접었습니다.

( )

**[06~07]** 지난달 날씨를 조사하였습니다. 물음에 답하세요.

| 일 | 월 | 화 | 수 | 목 | 금 | 토 |
|---|---|---|---|---|---|---|
| | 1 ☂ | 2 ☀ | 3 ☀ | 4 ☀ | 5 ☀ | 6 ☀ |
| 7 ☀ | 8 ☁ | 9 ☂ | 10 ☁ | 11 ☀ | 12 ☁ | 13 ☂ |
| 14 ☀ | 15 ☀ | 16 ☀ | 17 ☀ | 18 ☂ | 19 ☁ | 20 ☁ |
| 21 ☀ | 22 ☂ | 23 ☂ | 24 ☂ | 25 ☁ | 26 ☁ | 27 ☁ |
| 28 ☀ | 29 ☀ | 30 ☀ | | | | |

☀ : 맑은 날
☁ : 흐린 날
☂ : 비 온 날

241004-0324

**06** 지난달 날씨를 분류하여 그 수를 세어 보세요.

| 날씨 | 맑은 날 | 흐린 날 | 비 온 날 |
|---|---|---|---|
| 날수(일) | | | |

도전
**07** 241004-0325

알맞은 말에 ○표 하고, ☐ 안에 알맞은 수를 써넣으세요.

지난달에 ( 맑은 날 , 흐린 날, 비 온 날 )이 ☐ 일로 가장 많았고,

( 맑은 날 , 흐린 날, 비 온 날 )이 ☐ 일로 가장 적었습니다.

도움말 분류하여 수로 나타낸 것을 이용하여 알아봅니다.

실생활 활용 문제 241004-0326

**08** 민영이와 엄마의 대화를 읽고 물음에 답하세요.

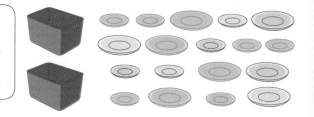

여기 통 **2**개가 있어. 통 **2**개에 어떻게 분류할까?

엄마 제가 분류 기준을 정해 볼게요.

(1) 그릇을 어떻게 분류하여 정리하면 좋을까요? (                    )

(2) 통 **2**개에 담긴 그릇 수의 차는 몇 개일까요? (                    )

241004-0327

**01** 분류 기준으로 알맞은 것을 찾아 ○표 하세요.

좋아하는 인형과 좋아하지 않은 인형
( )

새 인형과 오래된 인형 ( )

다리가 있는 인형과 없는 인형 ( )

중요

241004-0328

**02** 지헌이는 구슬을 아래 기준으로 분류하려고 합니다. 빈칸에 알맞은 말에 ○표 하세요.

| 분류 기준 | 예쁜 구슬과 예쁘지 않은 구슬 |
|---|---|

• 분류 기준을 정할 때는 누가 분류하더라도 ( 같은 , 다른 ) 결과가 나올 수 있도록 해야 합니다.

• 지헌이가 정한 분류 기준은 ( 알맞습니다 , 알맞지 않습니다 ).

241004-0329

**03** 크기를 기준으로 분류할 수 있는 것을 찾아 기호를 써 보세요.

| ㉠ | |
|---|---|
| ㉡ | |
| ㉢ | |
| ㉣ | |

( )

[04~05] 어떻게 분류하면 좋을지 분류 기준을 써 보세요.

241004-0330

**04**

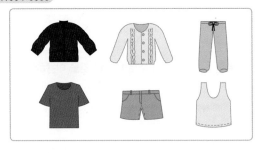

분류 기준 _____

241004-0331

**05**

분류 기준 _____

[06~07] 현우가 가지고 있는 컵입니다. 물음에 답하세요.

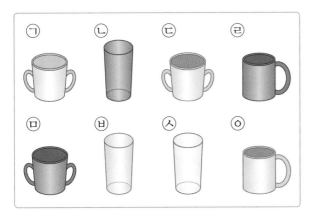

241004-0332

**06** 컵을 색깔에 따라 분류하여 기호를 써 보세요.

| 색깔 | 기호 |
|------|------|
| 빨간색 | |
| 초록색 | |
| 파란색 | |

241004-0333

**07** 컵을 손잡이 수에 따라 분류하여 기호를 써 보세요.

| 손잡이 수 | 기호 |
|-----------|------|
| 0개 | |
| 1개 | |
| 2개 | |

241004-0334

**08** 칠판에 한글 자석이 붙어 있습니다. 기준을 정하여 분류해 보세요.

| 분류 기준 | |
|-----------|--|

| 종류 | | |
|------|--|--|
| 자석 | | |

[09~10] 정아가 음식을 냉장고에 정리하려고 합니다. 물음에 답하세요.

241004-0335

**09** 음식을 종류에 따라 분류하여 기호를 써 보세요.

| 종류 | 기호 |
|------|------|
| 채소 | |
| 과일 | |
| 음료 | |

중요
**10**

241004-0336

정아 오빠가 집에 오는 길에 귤을 사 왔습니다. 귤은 어디에 분류해야 할까요?

( )

[11~13] 아인이는 상자에 담아 놓은 단추를 꺼내 보았습니다. 물음에 답하세요.

**241004-0337**

11 단추를 색깔에 따라 분류하여 그 수를 세어 보세요.

| 색깔 | 주황색 | 초록색 | 보라색 |
|---|---|---|---|
| 세면서 표시하기 | | | |
| 단추 수(개) | | | |

**241004-0338**

12 단추를 구멍 수에 따라 분류하여 그 수를 세어 보세요.

| 구멍 수 | 2개 | 3개 | 4개 |
|---|---|---|---|
| 세면서 표시하기 | | | |
| 단추 수(개) | | | |

**241004-0339**

13 단추의 모양에 따라 분류하여 그 수를 세어 보세요.

| 모양 | □ | ○ | ♡ |
|---|---|---|---|
| 세면서 표시하기 | | | |
| 단추 수(개) | | | |

[14~16] 도현이가 장난감을 정리하려고 합니다. 물음에 답하세요.

**241004-0340**

14 장난감을 색깔에 따라 분류하여 그 수를 세어 보세요.

| 색깔 | 빨간색 | 노란색 | 초록색 |
|---|---|---|---|
| 장난감 수(개) | | | |

**241004-0341**

15 장난감을 모양에 따라 분류하여 그 수를 세어 보세요.

| 모양 | □ | ○ | △ |
|---|---|---|---|
| 장난감 수(개) | | | |

**241004-0342**

16 장난감을 분류할 수 있는 다른 분류 기준을 한 가지만 써 보세요.

분류 기준 _____

**[17~18]** 과일 가게에서 일주일 동안 팔린 과일을 조사했습니다. 물음에 답하세요.

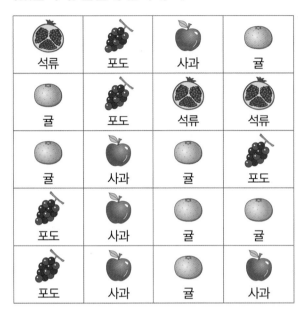

| | | | |
|---|---|---|---|
| 석류 | 포도 | 사과 | 귤 |
| 귤 | 포도 | 석류 | 석류 |
| 귤 | 사과 | 귤 | 포도 |
| 포도 | 사과 | 귤 | 귤 |
| 포도 | 사과 | 귤 | 사과 |

241004-0343

**17** 나만의 분류 기준을 정해 보세요.

분류 기준 _____

도전 241004-0344
**18** 17번에서 정한 분류 기준에 따라 분류하여 그 수를 세어 보세요.

| | |
|---|---|
| | |
| | |

**[19~20]** 학교에 있는 공을 종류별로 세어 보려고 합니다. 물음에 답하세요.

241004-0345
**19** 공을 분류하여 그 수를 세어 보세요.

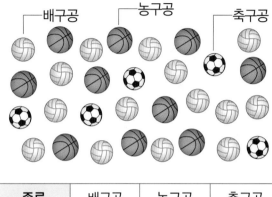

| 종류 | 배구공 | 농구공 | 축구공 |
|---|---|---|---|
| 공 수(개) | | | |

서술형 241004-0346
**20** 가장 적은 공의 개수가 가장 많은 공의 개수와 같아지도록 가장 적은 공을 더 사려고 합니다. 어떤 공을 얼마만큼 사야 하는지 구해 보세요.

풀이
(1) ( )이 ( )개로 가장 적습니다.
(2) ( )이 ( )개로 가장 많습니다.
(3) ( )을 ( )개 더 사면 됩니다.

답 _____

# 6

# 곱셈

오늘은 우리 반 체험학습 날입니다. 서우는 친구들과 여러 가지 놀이기구를 탈 생각에 신이 납니다. 놀이공원에는 대관람차도 있고, 코끼리 열차도 있고, 서우가 좋아하는 범퍼카도 있어요. 대관람차는 높은 곳에서 주변 경치를 볼 수 있어서 좋을 거 같아요. 코끼리 열차는 우리 반 친구들과 다 함께 탈 수 있어 신나요. 한 칸에 6명씩 탈 수 있으니까 선생님을 포함해서 우리 반 친구들이 4칸에 모두 탈 수 있을 거 같아요.

이번 6단원에서는 묶어서 세는 방법을 알아보고 곱셈에 대해 배울거예요.

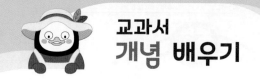

**개념 1   여러 가지 방법으로 세어 볼까요**

• 귤은 모두 몇 개인지 세어 봅시다.

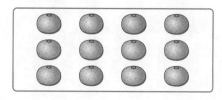

① 하나씩 세기 ➡ 1, 2, 3, …으로 세어 보면 모두 12개입니다.

② 2씩 뛰어 세기 ➡ 2, 4, 6, 8, 10, 12로 2씩 뛰어서 세어 보면 모두 12개입니다.

③ 3씩 묶어 세기 ➡ 3, 6, 9, 12로 3씩 묶어서 세어 보면 모두 12개입니다.

• **물건의 수를 세는 방법**
— 물건을 여러 가지 방법으로 셀 수 있습니다.
— 여러 가지 방법 중에서 자신이 가장 편리하다고 생각하는 방법으로 수를 세어 봅니다.

**개념 2   묶어 세어 볼까요**

• 사과는 모두 몇 개인지 묶어서 세어 봅시다.

① 4씩 묶어 세기

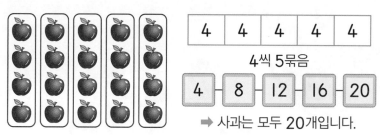

| 4 | 4 | 4 | 4 | 4 |

4씩 5묶음

| 4 | 8 | 12 | 16 | 20 |

➡ 사과는 모두 20개입니다.

② 5씩 묶어 세기

| 5 | 5 | 5 | 5 |

5씩 4묶음

| 5 | 10 | 15 | 20 |

➡ 사과는 모두 20개입니다.

• **여러 가지 방법으로 묶어 세기**

— 구슬을 2개씩 묶으면 모두 6묶음이 됩니다.
➡ 2씩 6묶음
— 구슬을 3개씩 묶으면 모두 4묶음이 됩니다.
➡ 3씩 4묶음
— 구슬을 4개씩 묶으면 모두 3묶음이 됩니다.
➡ 4씩 3묶음
— 구슬을 6개씩 묶으면 모두 2묶음이 됩니다.
➡ 6씩 2묶음

241004-0347

**1** 범퍼카는 모두 몇 대인지 세어 보려고 합니다. ☐ 안에 알맞은 수를 써넣으세요.

(1) **3**씩 묶어 세면 **3**씩 ☐ 묶음입니다.

(2) [ 3 ]—[ 6 ]—[ ☐ ]—[ ☐ ]—[ ☐ ]

(3) 범퍼카는 모두 ☐ 대입니다.

범퍼카를 **3**대씩 묶어서 세어 보아요.

241004-0348

**2** 복숭아는 모두 몇 개인지 세어 보려고 합니다. ☐ 안에 알맞은 수를 써넣으세요.

몇씩 묶은 것인지 알아보고 묶음의 수를 세어 보아요.

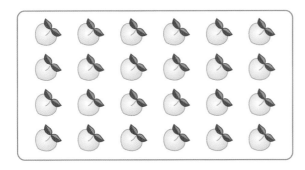

(1) **6**씩 묶어 세면 **6**씩 ☐ 묶음입니다.

(2) [ 6 ]—[ ☐ ]—[ ☐ ]—[ ☐ ]

(3) 복숭아는 모두 ☐ 개입니다.

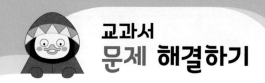

[01~03] 가위는 모두 몇 개인지 여러 가지 방법으로 세어 보려고 합니다. 물음에 답하세요.

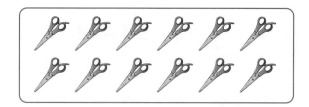

241004-0349

**01** 2씩 뛰어서 세어 보세요.

2 — 4 — ☐ — ☐ — ☐ — ☐

241004-0350

**02** 3씩 묶어 보고 ☐ 안에 알맞은 수를 써넣으세요.

3씩 ☐ 묶음

241004-0351

**03** 가위는 모두 몇 개인가요?          (                    )

241004-0352

**04** 2씩 뛰어 세기를 하여 ☐ 안에 알맞은 수를 써넣으세요.

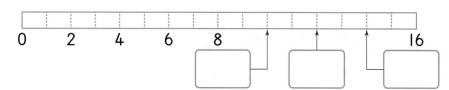

241004-0353

**05** 5씩 뛰어 세기를 하여 ☐ 안에 알맞은 수를 써넣으세요.

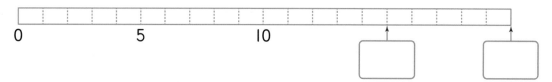

**중요**
241004-0354

**06** 지우개는 3씩 몇 묶음인가요? (                    )

① 3묶음        ② 4묶음        ③ 5묶음
④ 6묶음        ⑤ 7묶음

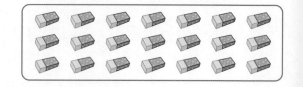

**[07~09]** 그림을 보고 물음에 답하세요.

241004-0355

**07** 3씩 묶어 세어 보세요.

| 3 | 6 |   |   |   |   |

중요  241004-0356

**08** 6씩 묶어 세어 보세요.

| 6 |   |   |

241004-0357

**09** ☆은 모두 몇 개인가요?

(                          )

도전  241004-0358

**10** 4씩 묶었을 때 묶음의 수를 찾아 선으로 이어 보세요.

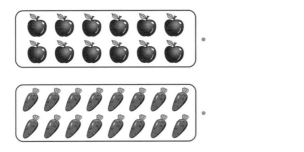

· **2**묶음

· **3**묶음

· **4**묶음

도움말 4씩 묶어 묶음 수를 알아봅니다.

**실생활 활용 문제**  241004-0359

**11** 책상 위에 있는 클립의 개수를 묶어서 세어 보려고 합니다. 물음에 답하세요.

(1) 클립은 **4**씩 묶어 세면 몇 묶음인가요?

(                          )

(2) 클립은 **5**씩 묶어 세면 몇 묶음인가요?

(                          )

### 개념 3 몇의 몇 배를 알아볼까요

• 쌓기나무의 수를 몇의 몇 배로 알아봅시다.

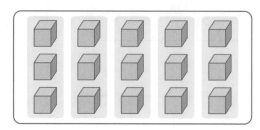

• 쌓기나무의 수: 3씩 5묶음 ➡ 3의 5배

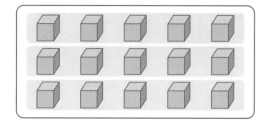

• 쌓기나무의 수: 5씩 3묶음 ➡ 5의 3배

• ■의 몇 배 알아보기
  ■씩 I묶음을 기준으로
  ■씩 2묶음: ■의 2배
  ■씩 3묶음: ■의 3배
  ■씩 4묶음: ■의 4배
  ■씩 5묶음: ■의 5배
  ➡ ■씩 ▲묶음: ■의 ▲배

### 개념 4 몇의 몇 배를 나타내 볼까요

• 사과의 수를 몇의 몇 배로 나타내 봅시다.

지수

정후

• 지수가 가지고 있는 사과: 2씩 I묶음 ➡ 2의 I배
• 정후가 가지고 있는 사과: 2씩 3묶음 ➡ 2의 3배
• 정후가 가지고 있는 사과 수는 지수가 가지고 있는 사과 수의 3
  배입니다.

• ■씩 ▲묶음
  ➡ ■의 ▲배

**문제를 풀며 이해해요**

241004-0360

**1** 그림을 보고 □ 안에 알맞은 수를 써넣으세요.

(1)

2씩 6묶음은 2의 □ 배입니다.

(2)

4씩 3묶음은 4의 □ 배입니다.

(3)

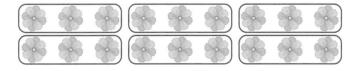

3씩 6묶음은 3의 □ 배입니다.

(4)

5씩 3묶음은 5의 □ 배입니다.

몇씩 몇 묶음을 보고 몇의 몇 배인지 알고 있는지 묻는 문제예요.

2씩 몇 묶음인지 알아보아요.

몇씩 몇 묶음을 몇의 몇 배로 나타내 보아요.

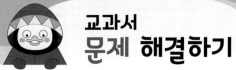

중요 `241004-0361`
## 01 ☐ 안에 알맞은 수를 써넣으세요.

의 ☐ 배는 입니다.

[02~03] ☐ 안에 알맞은 수를 써넣으세요.

`241004-0362`
## 02

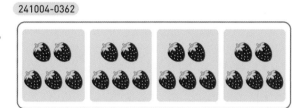

5씩 4묶음 ➡ 5의 ☐ 배

`241004-0363`
## 03

4씩 3묶음 ➡ 4의 ☐ 배

`241004-0364`
## 04 성호가 가진 딱지 수는 지후가 가진 딱지 수의 몇 배인가요?

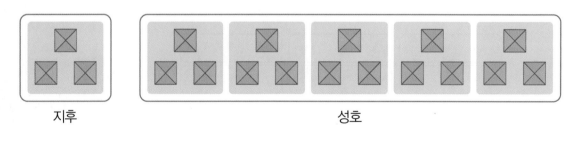

지후           성호

(           )

[05~06] ☐ 안에 알맞은 수를 써넣으세요.

`241004-0365`
## 05 2씩 7묶음 ➡ ☐ 의 ☐ 배

`241004-0366`
## 06 6씩 3묶음 ➡ ☐ 의 ☐ 배

**[07~08]** ☐ 안에 알맞은 수를 써넣으세요.

**07** 241004-0367

4씩 ☐ 묶음 ➡ ☐ 의 ☐ 배

중요
**08** 241004-0368

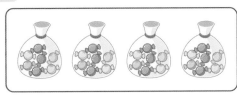

7씩 ☐ 묶음 ➡ ☐ 의 ☐ 배

**09** 241004-0369

3씩 5묶음은 3의 몇 배인가요? (　　　　　)

① **2**배　　　　② **3**배　　　　③ **4**배　　　　④ **5**배　　　　⑤ **6**배

도전
**10** 241004-0370

초록색 막대의 길이는 빨간색 막대의 길이의 몇 배일까요?

빨간색
초록색

(　　　　　　　　　　　)

도움말 ●씩 ■묶음은 ●의 ■배입니다.

 **실생활 활용 문제** 241004-0371

**11** 민이의 일기를 읽고 물음에 답하세요.

○○월 ○○일 맑음

나는 오른쪽 그림처럼 쌓기
나무를 쌓았다. 동생은 쌓기
나무로 성을 만들었는 데 내
가 사용한 쌓기나무의 **2**배를 사용했다.

(1) 민이가 쌓은 모양은 쌓기나무가 몇 개인
가요?

(　　　　　　　　　)

(2) 동생이 성을 만드는 데 사용한 쌓기나무
는 몇 개일까요?

(　　　　　　　　　)

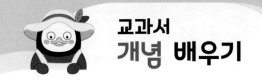
## 개념 5  곱셈을 알아볼까요(1)

• 곱셈을 알아봅시다.

① 바나나의 수는 3씩 5묶음입니다.

② 3씩 5묶음은 3의 5배입니다.

③ 3의 5배를 3 × 5라고 씁니다.

④ 3 × 5는 3 곱하기 5라고 읽습니다.

• 3씩 6묶음
➡ 3의 6배
➡ 3 × 6
➡ 3 곱하기 6

• ■씩 ▲묶음
➡ ■의 ▲배
➡ ■ × ▲
➡ ■ 곱하기 ▲

## 개념 6  곱셈을 알아볼까요(2)

• 열차에 탄 사람은 몇 명인지 알아봅시다.

① 열차에 탄 사람의 수는 5의 3배입니다.

② 5의 3배는 5 + 5 + 5입니다.

③ 5 + 5 + 5는 5 × 3과 같습니다.

④ 5 × 3 = 15입니다.

⑤ 5 × 3 = 15는 5 곱하기 3은 15와 같습니다라고 읽습니다.

⑥ 5와 3의 곱은 15입니다.

• 5의 4배

➡ 5 + 5 + 5 + 5 = 20
➡ 5 × 4 = 20
➡ 5 곱하기 4는 20과 같습니다.
➡ 5와 4의 곱은 20입니다.

## 문제를 풀며 이해해요

[1~2] 그림을 보고 ☐ 안에 알맞은 수를 써넣으세요.

241004-0372

**1**

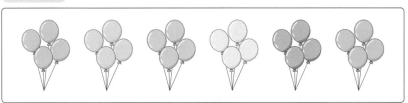

(1) 풍선은 4개씩 ☐ 묶음입니다.

(2) 풍선의 수는 4의 ☐ 배입니다.

(3) 덧셈식으로 나타내면 4+4+4+4+4+4= ☐ 입니다.

(4) 곱셈식으로 나타내면 4× ☐ = ☐ 입니다.

241004-0373

**2**

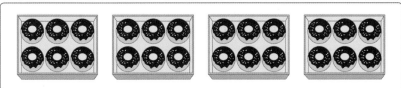

(1) 도넛은 6개씩 ☐ 묶음입니다.

(2) 도넛의 수는 6의 ☐ 배입니다.

(3) 덧셈식으로 나타내면 6+6+6+6= ☐ 입니다.

(4) 곱셈식으로 나타내면 6× ☐ = ☐ 입니다.

몇씩 몇 묶음을 곱셈으로 나타낼 수 있는지 묻는 문제예요.

묶어 세기를 하여 몇의 몇 배인지 알고 덧셈식과 곱셈식으로 나타내 보아요.

■씩 ▲묶음
➡ ■의 ▲배
➡ ■을 ▲번 더한 것은
■+■+⋯+■
▲번
=■×▲

241004-0374

**01** ☐ 안에 알맞은 수를 써넣고 색연필의 수를 덧셈식과 곱셈식으로 나타내 보세요.

덧셈식 $6 + \boxed{\phantom{0}} + \boxed{\phantom{0}} = \boxed{\phantom{0}}$

곱셈식 $6 \times \boxed{\phantom{0}} = \boxed{\phantom{0}}$

241004-0375

**02** 조각케이크는 모두 몇 개인지 알아보려고 합니다. ☐ 안에 알맞은 수를 써넣으세요.

$3 + 3 + 3 + 3 = \boxed{\phantom{0}}$

➡ $3 \times \boxed{\phantom{0}} = \boxed{\phantom{0}}$

중요 241004-0376

**03** 밤은 모두 몇 개인지 알아보려고 합니다. 밤이 모두 몇 개인지 덧셈식과 곱셈식으로 나타내 보세요.

덧셈식 (                  )

곱셈식 (                  )

241004-0377

**04** ☐ 안에 알맞은 수를 써넣으세요.

(1) 3의 7배 ➡ $\boxed{\phantom{0}} \times \boxed{\phantom{0}} = \boxed{\phantom{0}}$      (2) 6의 9배 ➡ $\boxed{\phantom{0}} \times \boxed{\phantom{0}} = \boxed{\phantom{0}}$

241004-0378

**05** 바르게 설명한 것은 어느 것인가요? (        )

   ① $5 \times 6 = 5 + 6$입니다.             ② 7과 2의 곱은 $7 + 2$입니다.

   ③ 9의 4배를 $9 \times 4$라고 씁니다.       ④ $4 + 4 + 4 + 4 + 4$는 $4 \times 6$과 같습니다.

   ⑤ $3 \times 8$은 3 더하기 8이라고 읽습니다.

241004-0379

**06** 곱셈식으로 나타내 보세요.

| 5 곱하기 7은 35와 같습니다. | ➡ 곱셈식 |

**중요**
**07** 241004-0380

5의 4배와 같은 것을 모두 찾아 기호를 써 보세요.

> ㉠ 5씩 6묶음  ㉡ 5+5+5+5
> ㉢ 5×4  ㉣ 5+4

( )

**08** 241004-0381

6×4와 <u>다른</u> 하나를 찾아 기호를 써 보세요.

> ㉠ 6의 4배  ㉡ 6 곱하기 4
> ㉢ 6씩 4묶음  ㉣ 4+4+4+4

( )

**09** 241004-0382

쌓기나무 한 개의 높이가 2 cm일 때 쌓기나무 6개를 쌓은 높이는 몇 cm일까요? ( )

① 6 cm  ② 8 cm  ③ 10 cm  ④ 12 cm  ⑤ 15 cm

**도전**
**10** 241004-0383

정우는 공깃돌을 5개 가지고 있습니다. 민이는 정우가 가지고 있는 공깃돌 수의 3배만큼 가지고 있다면 민이가 가지고 있는 공깃돌은 몇 개일까요?

( )

**도움말** ■의 ●배를 곱셈으로 나타내면 ■×●입니다.

 **실생활 활용 문제** 241004-0384

**11** 서우네 반은 강당에서 긴 의자에 8명씩 5줄로 앉아서 인형극을 보았습니다. 의자에 앉은 학생은 모두 몇 명인지 덧셈식과 곱셈식으로 나타내 보세요.

덧셈식 _____

곱셈식 _____

## 개념 7 곱셈식으로 나타내 볼까요(1)

• 음료수의 수를 곱셈식으로 나타내 봅시다.

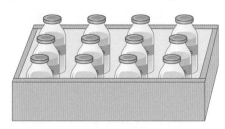

① 음료수의 수는 3씩 4묶음으로 3의 4배입니다.

② 음료수의 수를 덧셈식으로 나타내면 $3+3+3+3=12$입니다.

③ 음료수의 수를 곱셈식으로 나타내면 $3×4=12$입니다.

④ 음료수는 모두 12병입니다.

⑤ 음료수의 수를 다른 곱셈식 $2×6=12$, $4×3=12$, $6×2=12$로 나타낼 수 있습니다.

• 3씩 5묶음
➡ 3의 5배
➡ $3+3+3+3+3=15$
➡ $3×5=15$

## 개념 8 곱셈식으로 나타내 볼까요(2)

• 초코 우유의 수를 곱셈식으로 나타내 봅시다.

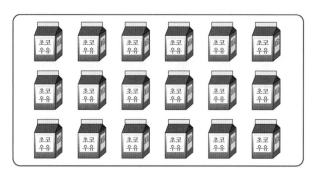

① 초코 우유의 수는 6씩 3묶음이므로 6의 3배입니다.

② 초코 우유의 수를 덧셈식으로 나타내면 $6+6+6=18$입니다.

③ 초코 우유의 수를 곱셈식으로 나타내면 $6×3=18$입니다.

④ 초코 우유의 수는 18개입니다.

⑤ 초코 우유의 수를 다른 곱셈식 $2×9=18$, $3×6=18$, $9×2=18$로 나타낼 수 있습니다.

• 문제에 맞게 여러 가지 곱셈식으로 나타낼 수 있습니다.

[1~2] 그림을 보고 ☐ 안에 알맞은 수를 써넣으세요.

241004-0385

**1**

(1) 참외의 수는 8씩 ☐ 묶음이므로 8의 ☐ 배입니다.

(2) 참외의 수를 덧셈식으로 나타내면 8+8= ☐ 입니다.

(3) 참외의 수를 곱셈식으로 나타내면 8× ☐ = ☐ 입니다.

(4) 참외의 수를 다른 곱셈식

2× ☐ = ☐ , 4× ☐ = ☐ 으로 나타낼 수 있습니다.

241004-0386

**2**

(1) 쿠키의 수는 6개씩 ☐ 묶음이므로 6의 ☐ 배입니다.

(2) 쿠키의 수를 덧셈식으로 나타내면 6+6+6+6= ☐ 입니다.

(3) 쿠키의 수를 곱셈식으로 나타내면 6× ☐ = ☐ 입니다.

(4) 쿠키의 수를 다른 곱셈식

4× ☐ = ☐ , 3× ☐ = ☐ , 8× ☐ = ☐ 로 나타낼 수 있습니다.

문제 상황을 몇씩 몇 묶음인지 알아보고 곱셈식으로 나타낼 수 있는지 묻는 문제예요.

먼저 몇씩 몇 묶음이고 전체가 얼마인지 알아보아요.

241004-0387

**01** 그림을 보고 곱셈식으로 나타내 보세요.

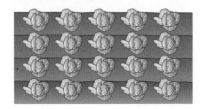
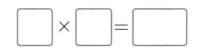

| $4 \times 2 = 8$ | | |
|---|---|---|

241004-0388

**02** 배추가 한 줄에 5포기씩 4줄이 있습니다. 배추는 모두 몇 포기인지 곱셈식으로 나타내 보세요.

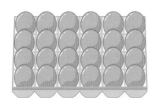

$$\boxed{\phantom{0}} \times \boxed{\phantom{0}} = \boxed{\phantom{0}}$$

중요
241004-0389

**03** 달걀은 모두 몇 개인지 여러 가지 곱셈식으로 나타내려고 합니다. ☐ 안에 알맞은 수를 써넣으세요.

$6 \times 4 = 24$          $8 \times \boxed{\phantom{0}} = \boxed{\phantom{0}}$

$4 \times \boxed{\phantom{0}} = \boxed{\phantom{0}}$          $3 \times \boxed{\phantom{0}} = \boxed{\phantom{0}}$

241004-0390

**04** 그림을 보고 만들 수 없는 곱셈식을 찾아 기호를 써 보세요.

| ㉠ $4 \times 3 = 12$ | ㉡ $3 \times 4 = 12$ |
|---|---|
| ㉢ $2 \times 6 = 12$ | ㉣ $8 \times 2 = 16$ |

(                    )

241004-0391

**05** 찹쌀떡이 한 상자에 6개씩 들어 있습니다. 3상자에 들어 있는 찹쌀떡은 모두 몇 개인지 곱셈식으로 나타내 보세요.

곱셈식 _____

241004-0392

**06** 옥수수가 한 봉지에 3개씩 7봉지 있습니다. 옥수수는 모두 몇 개인지 곱셈식으로 나타내 보세요.

곱셈식 _____

241004-0393

**07** 한 대에 바퀴가 4개인 자동차가 있습니다. 이 자동차 8대의 바퀴의 수는 모두 몇 개인지 곱셈식으로 나타내 보세요.

곱셈식 _____

241004-0394

**08** 지후 동생의 나이는 3살이고 지후의 나이는 지후 동생 나이의 3배입니다. 지후의 나이는 몇 살일까요?

(          )

중요
**09** 241004-0395

사과가 한 상자에 9개씩 들어 있습니다. 6상자에 들어 있는 사과는 모두 몇 개일까요?

(          )

도전
**10** 241004-0396

1부터 9까지의 숫자 중에서 ☐ 안에 들어갈 수 있는 숫자를 모두 구해 보세요.

$$4 \times 9 < 3\square$$

(          )

도움말 $4 \times 9$의 계산 결과보다 크고 십의 자리 숫자가 3인 두 자리 수를 찾아봅니다.

 실생활 활용 문제 241004-0397

**11** 도현이와 지수의 대화를 읽고, 지수는 줄넘기를 몇 번 했는지 곱셈식으로 나타내 보세요.

나는 오늘 줄넘기를 8번 했어.

나는 너가 줄넘기한 횟수의 3배를 했어.

도현      지수

곱셈식 _____

241004-0398

**01** 몇 개인지 묶어 세어 보세요.

241004-0399

**02** 15는 3의 몇 배인가요?

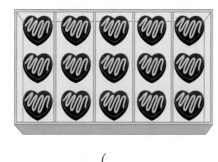

(                    )

241004-0400

**03** □ 안에 알맞은 수를 써넣으세요.

7씩 9묶음은 [   ]의 [   ]배입니다.

241004-0401

**04** 연필의 수는 지우개의 수의 몇 배인지 써 보세요.

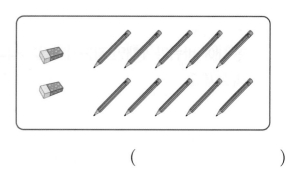

(                    )

241004-0402

**05** 달걀이 병아리 수의 3배만큼 있습니다. 달걀은 몇 개인지 ○를 그려 구해 보세요.

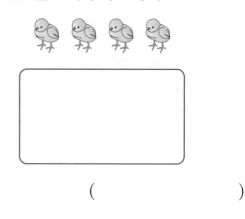

(                    )

**[06~07]** 그림을 보고 □ 안에 알맞은 수를 써넣으세요.

241004-0403

**06**

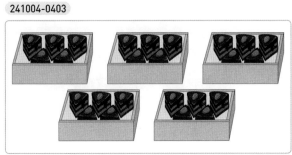

5씩 □ 묶음은 5의 □ 배이고,

□ + □ + □ + □ + □

= □ 입니다.

241004-0404

**01**

3씩 □ 묶음은 3의 □ 배이고,

□ + □ + □ + □ = □

입니다.

중요
**08** 241004-0405

사과는 모두 몇 개인지 □ 안에 알맞은 수를 써넣으세요.

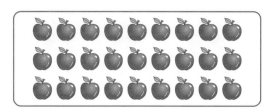

• 9씩 □ 묶음은 □ 입니다.

• 9의 □ 배는 □ 입니다.

• 덧셈식으로 나타내면

□ + □ + □ = □ 입니다.

• 곱셈식으로 나타내면

□ × □ = □ 입니다.

241004-0406

**09** 꽃은 모두 몇 송이인지 □ 안에 알맞은 수를 써넣으세요.

5씩 □ 묶음

➡ 5 × □ = □

241004-0407

**10** 빈칸에 알맞은 곱셈식을 써넣으세요.

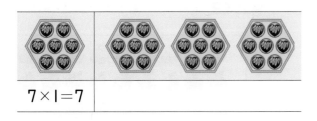

$7 \times 1 = 7$

241004-0408

**11** 포장지에 그려져 있는 별은 모두 몇 개인지 ☐ 안에 알맞은 수를 써넣으세요.

덧셈식 $8 + \boxed{\phantom{0}} + \boxed{\phantom{0}} = \boxed{\phantom{0}}$

곱셈식 $8 \times \boxed{\phantom{0}} = \boxed{\phantom{0}}$

241004-0409

**12** 곱셈식으로 나타내 보세요.

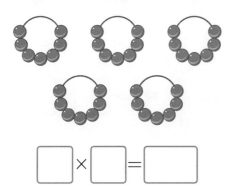

$\boxed{\phantom{0}} \times \boxed{\phantom{0}} = \boxed{\phantom{0}}$

241004-0410

**13** 자동차가 모두 몇 대인지 곱셈식 2개로 나타내 보세요.

$\boxed{\phantom{0}} \times \boxed{\phantom{0}} = \boxed{\phantom{0}}$

$\boxed{\phantom{0}} \times \boxed{\phantom{0}} = \boxed{\phantom{0}}$

241004-0411

**14** 곱셈식으로 나타내 보세요.

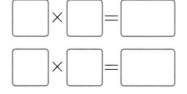

6 곱하기 8은 48과 같습니다.

곱셈식 _____

241004-0412

**15** 가장 큰 수는 어느 것일까요? (       )

① 2의 8배      ② 3의 7배

③ 8의 3배      ④ 5의 4배

⑤ 6의 2배

**중요**
**16** 241004-0413

관계 있는 것끼리 이어 보세요.

$2 \times 5$ ·

$3 \times 4$ ·

$4 \times 3$ ·

$5 \times 2$ ·

· [막대 그림] 4 cm  4 cm  4 cm

· [건전지 5개]

· [케이크 4개]

· [사람들]

**17** 241004-0414

피자가 한 판에 8조각씩 4판 있습니다. 피자는 모두 몇 조각인지 덧셈식과 곱셈식으로 나타내 보세요.

덧셈식 _____

곱셈식 _____

**18** 241004-0415

바퀴가 3개인 세발자전거가 7대 있습니다. 바퀴는 모두 몇 개인지 곱셈식으로 나타내고 답을 구해 보세요.

곱셈식 _____

답 _____

**도전**
**19** 241004-0416

오른쪽 쌓기나무 수의 8배만큼 쌓기나무를 쌓으려고 합니다. 쌓으려고 하는 쌓기나무는 모두 몇 개일까요?

( _____ )

**서술형**
**20** 241004-0417

서우는 빵을 3개씩 8봉지에 담고, 지수는 4개씩 7봉지에 담았습니다. 두 사람이 봉지에 담은 빵은 모두 몇 개인지 구해 보세요.

(1) 서우는 빵을 3개씩 8봉지에 담았으므로 ( _____ )개입니다.

(2) 지수는 빵을 4개씩 7봉지에 담았으므로 ( _____ )개입니다.

(3) 두 사람이 봉지에 담은 빵은 ( _____ ) 개입니다.

답 _____

**MEMO**

**MEMO**

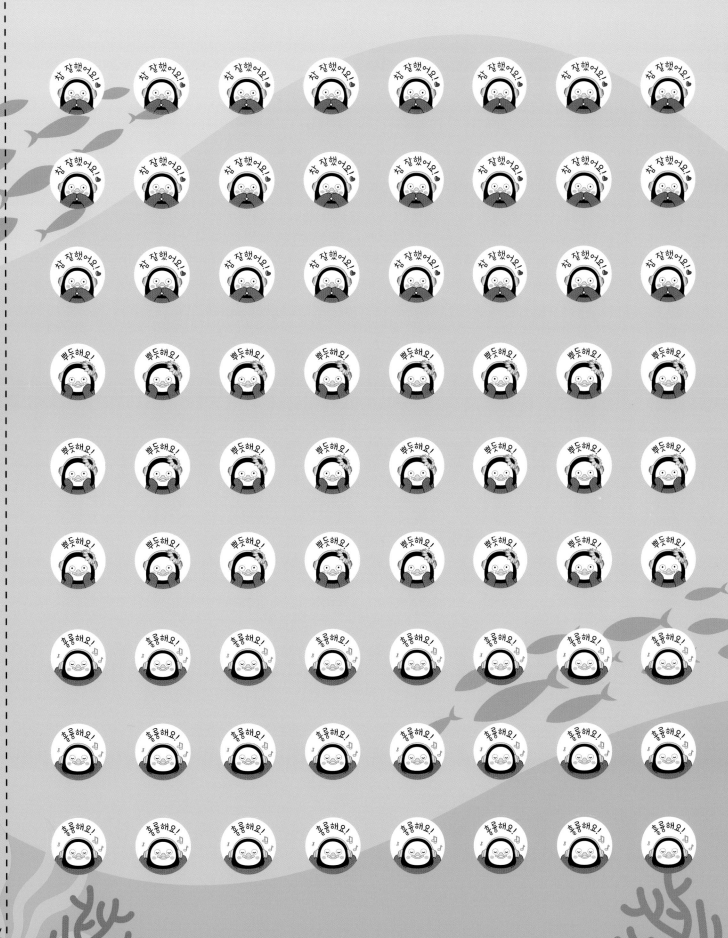

# 개념책

BOOK 1 개념책으로 학습 개념을
확실하게 공부했나요?

BOOK 2

# 실전책

**BOOK 2 실전책**에는 **요점 정리**가
있어서 **공부한 내용을 복습**할 수 있어요!
**단원평가**가 들어 있어
**내 실력을 확인**해 볼 수 있답니다.

예습, 복습, 숙제까지 해결되는

교과서 완전 학습서

# 만점왕

BOOK 2
실전책

수학 2-1

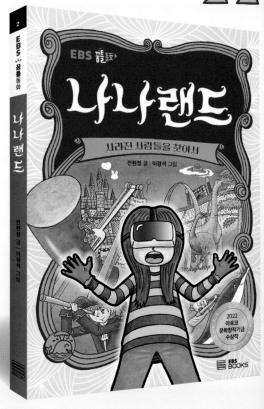

# 만점왕

BOOK 2 실전책

수학 2-1

BOOK
2
—
실전책

## 시험 2주 전 공부

### 핵심을 복습하기

시험이 2주 남았네요. 이럴 땐 먼저 핵심을 복습해 보면 좋아요.

### 만점왕 북2 실전책을 펴 보면

각 단원별로 핵심 정리와 쪽지 시험이 있습니다.

정리된 핵심 복습을 읽고 쪽지 시험을 풀어 보세요.

문제가 어렵게 느껴지거나 자신 없는 부분이 있다면

북1 개념책을 찾아서 다시 읽어 보는 것도 도움이 돼요.

## 시험 1주 전 공부

### 시간을 정해 두고 연습하기

앗, 이제 시험이 일주일 밖에 남지 않았네요.

시험 직전에는 실제 시험처럼 시간을 정해 두고 문제를 푸는 연습을 하는 게 좋아요.

그러면 시험을 볼 때에 떨리는 마음이 줄어드니까요.

이때에는 만점왕 북2의 학교 시험 만점왕을 풀어 보면 돼요.

시험 시간에 맞게 풀어 본 후 맞힌 개수를 세어 보면

자신의 실력을 알아볼 수 있답니다.

이 책의 **차례**

BOOK
2

실전책

**❶ 백, 몇백 알기**

- 90보다 10만큼 더 큰 수는 100이라 쓰고, 백이라고 읽습니다.
- 100이 5개이면 500이라 쓰고, 오백이라고 읽습니다.

**❷ 세 자리 수 알기**

- 100이 6개, 10이 9개, 1이 4개이면 694 라 쓰고, 육백구십사라고 읽습니다.

**❸ 각 자리의 숫자가 얼마를 나타내는지 알기**

| 백의 자리 | 십의 자리 | 일의 자리 |
|---|---|---|
| 3 | 0 | 0 |
|  | 5 | 0 |
|  |  | 8 |

358에서

3은 300을 ─┐
5는 50을 ─ 나타냅니다.
8은 8을 ─┘

$$358 = 300 + 50 + 8$$

**❹ 뛰어 세어 보기**

- 100씩 뛰어 세면 백의 자리 숫자가 1씩 커집니다.
- 10씩 뛰어 세면 십의 자리 숫자가 1씩 커집니다.
- 1씩 뛰어 세면 일의 자리 숫자가 1씩 커집니다.
- 999보다 1만큼 더 큰 수는 1000이라 쓰고, 천이라고 읽습니다.

**❺ 수의 크기 비교하기**

- 세 자리 수는 백의 자리 숫자부터 비교하고, 백의 자리 숫자가 같으면 십의 자리 숫자끼리 비교하고, 십의 자리 숫자가 같으면 일의 자리 숫자끼리 크기를 비교합니다.

429 > 321    429 < 430    429 > 427
  4>3          2<3          9>7

---

241004-0418

**01** 100은 90보다 얼마만큼 더 큰 수일까요?    (              )

241004-0419

**02** 동전 모형을 보고 □ 안에 알맞은 수나 말을 써넣으세요.

100이 7개이면 [          ]이라 쓰고, [          ]이라고 읽습니다.

241004-0420

**03** □ 안에 알맞은 수를 써넣으세요.

| 백 모형 | 십 모형 | 일 모형 |
|---|---|---|
|  |  |  |

➡ [          ]

 100이 ■개이면 ■00입니다.

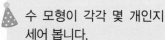 수 모형이 각각 몇 개인지 세어 봅니다.

**04** 241004-0421

빈칸에 알맞은 수를 써넣으세요.

(1) 오백구십오 [　　　]  (2) 사백구 [　　　]

읽지 않은 자리는 0을 써넣습니다.

**05** 241004-0422

□ 안에 알맞은 수를 써넣으세요.

100이 [　　]
10이 [　　] ┐ 이면 **547**입니다.
1이 [　　] ┘

100이 ■, 10이 ●, 1이 ▲인 수는 ■●▲입니다.

**06** 241004-0423

숫자 **6**이 **60**을 나타내는 수를 찾아 색칠해 보세요.

( 693 )  ( 426 )  ( 860 )

숫자 6이 어느 자리에 있는지 확인합니다.

**07** 241004-0424

**100**씩 뛰어 세어 보세요.

241 — 341 — [　　] — [　　] — [　　]

100씩 뛰어 세면 백의 자리 숫자가 1씩 커집니다.

**08** 241004-0425

**1**씩 뛰어 센 것입니다. ㉠에 알맞은 수를 쓰고 읽어 보세요.

996 — 997 — [　　] — [　　] — [㉠]

쓰기 (　　　　　　　)  읽기 (　　　　　　　)

㉠에 알맞은 수는 999보다 1만큼 더 큰 수입니다.

**09** 241004-0426

두 수의 크기를 비교하여 ○ 안에 >, <를 알맞게 써넣으세요.

(1) **557** ◯ **623**  (2) **809** ◯ **807**

세 자리 수의 크기를 비교할 때는 백의 자리, 십의 자리, 일의 자리 순서로 숫자의 크기를 비교합니다.

**10** 241004-0427

가장 작은 수를 찾아 써 보세요.

| 142 | 194 | 320 |

(　　　　　　　)

백의 자리 숫자가 작은 수를 먼저 찾아봅니다.

**1. 세 자리 수**

**01** 241004-0428
빈칸에 알맞은 수를 써넣으세요.

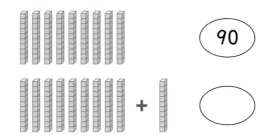

90

+ ( )

**02** 241004-0429
수 모형을 400만큼 묶어 보세요.

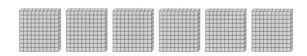

**03** 241004-0430
관계있는 것끼리 선으로 이어 보세요.

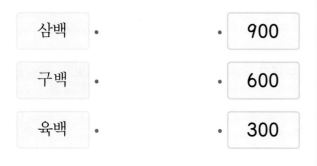

삼백 · · 900

구백 · · 600

육백 · · 300

**04** 241004-0431
세윤이가 가진 동전은 다음과 같습니다. 세윤이가 가진 동전은 얼마인가요?

( )

**05** 241004-0432
수를 바르게 읽은 친구는 누구일까요?

513은 오백십삼이야.

407은 사백영칠이야.

유정          은실

( )

**06** 241004-0433
수 모형이 나타내는 수를 쓰고 읽어 보세요.

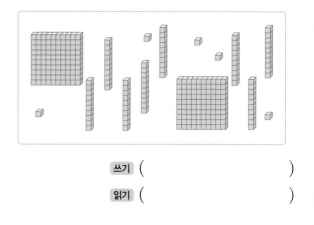

쓰기 ( )

읽기 ( )

서술형
**07** 241004-0434
십의 자리 숫자의 크기가 가장 큰 수를 찾고, 그 수의 백의 자리 숫자가 얼마를 나타내는지를 구하는 풀이 과정을 쓰고 답을 구해 보세요.

㉠ 850      ㉡ 391      ㉢ 577

풀이 _____

_____

_____

답 _____

**08** 241004-0435
□ 안에 알맞은 수를 써넣으세요.

| 629 |
|---|

6은 [ ]을/를 나타냅니다.

2는 [ ]을/를 나타냅니다.

9는 [ ]을/를 나타냅니다.

**09** 241004-0436
909에 대한 설명으로 옳은 것은 어느 것인가요? ( )

① 구백구십이라고 읽습니다.

② 십의 자리 숫자는 9입니다.

③ 909에서 밑줄 친 9는 900을 나타냅니다.

④ 10이 9개, 1이 9개인 수입니다.

⑤ 909에서 십의 자리 숫자는 10을 나타냅니다.

**10** 241004-0437
928을 보기 와 같이 나타내 보세요.

> **보기**
> 495＝400＋90＋5

928＝ [ ]＋[ ]＋[ ]

**11** 241004-0438
□ 안에 알맞은 수를 써넣으세요.

➡ [ ]씩 뛰어 세었습니다.

**12** 241004-0439
➡은 100씩 뛰어 세고, ➡은 10씩 뛰어 세어 보세요.

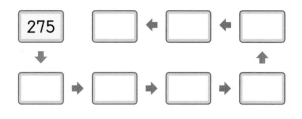

**13** 241004-0440
두 수 중 더 큰 수를 써 보세요.

| 572 | 564 |
|---|---|

( )

**14** 241004-0441
도서관에 있는 책을 정리했습니다. 가장 많은 책은 무엇인가요?

| 동화책 | 과학책 | 위인전 |
|---|---|---|
| 368권 | 168권 | 290권 |

( )

서술형
**15** 241004-0442
한 봉지에 10개씩 들어 있는 사탕이 15봉지 있고 낱개로 9개 있습니다. 같은 사탕을 4봉지 더 산다면 사탕은 모두 몇 개인지 풀이 과정을 쓰고 답을 구해 보세요.

풀이 _____

_____

_____

답 _____

## 1. 세 자리 수

241004-0443
**01** ☐ 안에 알맞은 수를 써넣으세요.

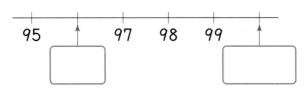

241004-0444
**02** ☐ 안에 알맞은 수를 써넣으세요.

241004-0445
**03** 보기 와 같이 빈칸에 알맞은 수나 말을 써넣으세요.

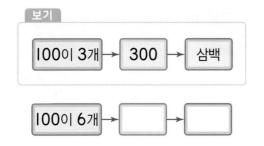

서술형
241004-0446
**04** 10원짜리 동전 80개를 100원짜리 동전으로 바꾸려고 합니다. 100원짜리 동전 몇 개로 바꿀 수 있는지 풀이 과정을 쓰고 답을 구해 보세요.

풀이 _____

_____

_____

답 _____

241004-0447
**05** 이백삼만큼 ⓐ100, ⓑ10, ⓒ1을 그려 보세요.

241004-0448
**06** 색종이가 100장씩 4상자, 10장씩 9묶음, 낱개로 7장 있습니다. 색종이는 모두 몇 장일까요?

(                    )

241004-0449
**07** 백의 자리 숫자가 500을 나타내고, 십의 자리 숫자가 80을 나타내고, 일의 자리 숫자가 3을 나타내는 세 자리 수를 구해 보세요.

(                    )

**08** 241004-0450
밑줄 친 숫자가 얼마를 나타내는지 빈칸에 써 보세요.

(1) 7<u>7</u>7 ➡ [　　　　]

(2) <u>8</u>92 ➡ [　　　　]

**09** 241004-0451
가장 큰 수에서 10씩 5번 뛰어 센 수를 구해 보세요.

| 613 | 825 | 904 |

(　　　　　　　　)

**10** 241004-0452
□ 안에 알맞은 수를 써넣으세요.

(1) 539에서 [　　　] 씩 3번 뛰어 센 수는 839입니다.

(2) 252에서 10씩 [　] 번 뛰어 센 수는 292입니다.

**11** 241004-0453
10씩 거꾸로 뛰어 세어 보세요.

| 651 | | | 631 | | | | |

**12** 241004-0454
빈칸에 알맞은 수를 써넣으세요.

585

| 1만큼 더 큰 수 | |
| --- | --- |
| 10만큼 더 큰 수 | |
| 100만큼 더 큰 수 | |

**13** 241004-0455
가장 작은 수를 찾아 ○표 하세요.

675　　671　　680

서술형
**14** 241004-0456
□ 안에 들어갈 수 있는 숫자는 모두 몇 개인지 풀이 과정을 쓰고 답을 구해 보세요.

542 > 5□1

풀이 _____

_____

_____

답 _____

**15** 241004-0457
수 카드를 한 번씩만 사용하여 만들 수 있는 가장 큰 수와 가장 작은 수를 각각 써 보세요.

8　　5　　9

| 가장 큰 수 | 가장 작은 수 |
| --- | --- |
| | |

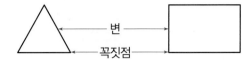 

**❶ 삼각형과 사각형 알기**

 ← 변 →
꼭짓점

• 삼각형에는 변이 **3**개, 꼭짓점이 **3**개이고, 사각형에는 변이 **4**개, 꼭짓점이 **4**개입니다.

**❷ 원 알기**

• 원에는 곧은 선과 뾰족한 부분이 없고, 크기는 서로 다르지만 모양은 모두 같습니다.

**❸ 칠교판 알기**

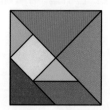

• 칠교판에는 삼각형 모양 조각이 **5**개, 사각형 모양 조각이 **2**개 있습니다.

**❹ 쌓은 모양 알기, 여러 가지 모양으로 쌓기**

• 똑같은 모양으로 쌓으려면 쌓기나무의 전체적인 모양, 쌓기나무의 수, 쌓기나무를 놓는 위치나 방향, 쌓기나무의 층수 등을 생각하며 쌓습니다.

---

**[1-3]** 도형을 보고 물음에 답하세요.

가    나    다    라    마    바

**01** 241004-0458
삼각형을 모두 찾아 기호를 써 보세요.    (      )

삼각형은 곧은 선 **3**개로, 사각형은 곧은 선 **4**개로 둘러싸여 있습니다.

**02** 241004-0459
사각형을 모두 찾아 기호를 써 보세요.    (      )

**03** 241004-0460
원을 찾아 기호를 써 보세요.    (      )

원은 굽은 선으로 이루어져 있습니다.

**04** 241004-0461
크기는 서로 다를 수 있지만 모양은 항상 같은 도형을 찾아 기호를 써 보세요.

㉠ 삼각형    ㉡ 사각형    ㉢ 원

(      )

**05** 241004-0462
삼각형을 모두 찾아 색칠해 보세요.

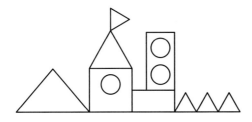

삼각형에는 변과 꼭짓점이 각각 **3**개씩 있습니다.

**06** 241004-0463
주변에서 사각형을 찾을 수 있는 물건을 모두 고르세요.

( )

① 트라이앵글     ② 동전     ③ 스케치북
④ 탬버린     ⑤ 태극기

사각형에는 변과 꼭짓점이 각각 **4**개씩 있습니다.

**07** 241004-0464
색종이를 점선을 따라 잘랐을 때 삼각형은 사각형보다 몇 개 더 많은가요?

( )

칠교판은 삼각형 모양 조각과 사각형 모양 조각으로 이루어져 있습니다.

**08** 241004-0465
칠교판 중 네 조각을 모두 이용하여 오른쪽 도형을 만들어 보세요.

**09** 241004-0466
왼쪽 모양에서 쌓기나무 1개를 빼내어 오른쪽과 똑같은 모양을 만들려고 합니다. 빼내야 할 쌓기나무를 찾아 기호를 써 보세요.

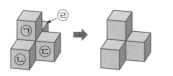

( )

**10** 241004-0467
쌓기나무로 쌓은 모양을 보고 ☐ 안에 알맞은 수를 써넣으세요.

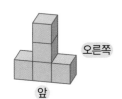

쌓기나무 ☐ 개가 옆으로 나란히 있고, 가운데

쌓기나무 위에 쌓기나무 ☐ 개가 있습니다.

## 2. 여러 가지 도형

**01** 주어진 도형은 변과 꼭짓점이 각각 몇 개인가요?

241004-0468

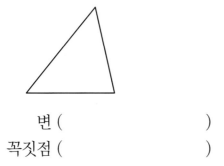

변 (        )

꼭짓점 (        )

241004-0469

**02** 삼각형 모양의 안전표지판을 찾아 ○표 하세요.

(    ) (    ) (    )

241004-0470

**03** 설명을 보고 도형의 이름을 써 보세요.

> • 굽은 선으로만 되어 있고 꼭짓점이 없습니다.
> • 어느 방향에서 보아도 같은 모양입니다.

(        )

241004-0471

**04** 색종이를 그림과 같이 접었다 펼친 다음 접힌 선을 따라 잘라 만들어진 사각형은 몇 개일까요?

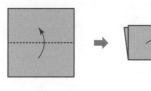 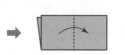 

(        )

241004-0472

**05** 꼭짓점의 수가 적은 도형부터 순서대로 (   ) 안에 번호를 써 보세요.

| 원 | 사각형 | 삼각형 |

(      ) (      ) (      )

서술형

241004-0473

**06** 주어진 도형은 삼각형이 아닙니다. 그 이유를 써 보세요.

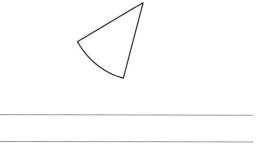

> 이유 _____
> 
> _____

241004-0474

**07** 물건의 본을 떠서 원을 그릴 수 있는 것에 ○표 하세요.

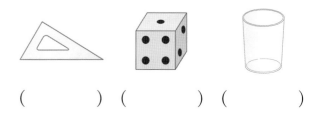

(      ) (      ) (      )

241004-0475

**08** 원에 대한 설명으로 <u>틀린</u> 것은 어느 것인가요?

(      )

① 뾰족한 부분이 없습니다.
② 변이 없습니다.
③ 꼭짓점이 없습니다.
④ 어느 쪽에서 보아도 동그란 모양입니다.
⑤ 크기와 모양이 모두 같습니다.

**[9~10]** 칠교판을 보고 물음에 답하세요.

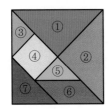

241004-0476

**09** 삼각형을 모두 찾아 번호를 써 보세요.

( )

241004-0477

**10** ④, ⑤, ⑦의 모양 조각을 모두 이용하여 주어진 도형을 만들어 보세요

241004-0478

**11** 똑같은 모양으로 쌓으려면 필요한 쌓기나무는 몇 개인가요?

( )

241004-0479

**12** 쌓기나무의 수가 나머지와 다른 하나를 찾아 ○표 하세요.

( ) ( ) ( )

241004-0480

**13** 설명에 맞게 쌓은 모양을 찾아 ○표 하세요.

> 쌓기나무 **3**개를 **1**층에 놓고, **2**층에 **1**개를 놓았습니다.

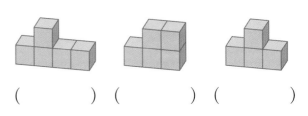

( ) ( ) ( )

서술형
241004-0481

**14** 삼각형과 사각형의 같은 점과 다른 점을 각각 한 가지씩 써 보세요.

같은 점 _____

_____

다른 점 _____

_____

241004-0482

**15** 그림에서 찾을 수 있는 크고 작은 사각형은 모두 몇 개인가요?

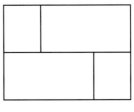

( )

## 2. 여러 가지 도형

241004-0483

**01** 빈칸에 알맞은 수를 써넣으세요.

| 도형 | 삼각형 | 사각형 |
|------|--------|--------|
| 변(개) | | |
| 꼭짓점(개) | | |

241004-0484

**02** 그림과 같이 접은 후 점선을 따라 잘랐을 때 생기는 도형을 모두 써 보세요.

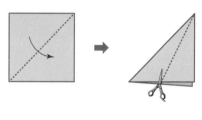

( )

241004-0485

**03** 선을 따라 잘랐을 때 삼각형 4개가 생기도록 곧은 선 2개를 그어 보세요.

241004-0486

**04** ㉠+㉡-㉢의 값을 구해 보세요.

㉠ 삼각형의 변의 수
㉡ 사각형의 꼭짓점의 수
㉢ 원의 꼭짓점의 수

( )

241004-0487

**05** 오른쪽 도형은 원이 아닙니다. 그 이유를 써 보세요.

이유 _____

_____

241004-0488

**06** 삼각형과 사각형의 같은 점을 모두 찾아 기호를 써 보세요.

㉠ 변이 **3**개입니다.
㉡ 꼭짓점이 **4**개입니다.
㉢ 곧은 선으로 둘러싸여 있습니다.
㉣ 뾰족한 부분이 있습니다.

( )

241004-0489

**07** 그림에서 원은 모두 몇 개인가요?

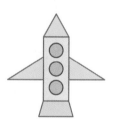

( )

241004-0490

**08** 원에 대한 설명으로 옳은 것을 모두 고르세요.
( )

① 뾰족한 부분이 없습니다.
② 곧은 선으로 되어 있습니다.
③ 모든 원은 모양과 크기가 같습니다.
④ 어느 쪽에서 보아도 똑같은 모양입니다.
⑤ 굽은 선으로 되어 있습니다.

**[9~11]** 칠교판을 보고 물음에 답하세요.

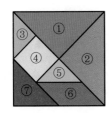

241004-0491
**09** 칠교판의 조각은 모두 몇 개인가요?

( )

241004-0492
**10** 삼각형 모양은 모두 몇 개인가요?

( )

241004-0493
**11** ③, ⑤, ⑦의 모양 조각을 모두 이용하여 주어진 삼각형을 만들어 보세요.

241004-0494
**12** 지원이와 무영이가 쌓기나무로 쌓은 모양입니다. 쌓기나무를 더 적게 사용한 친구는 누구인가요?

지원                무영

( )

241004-0495
**13** 쌓기나무 3개가 옆으로 나란히 있고, 가장 오른쪽에 있는 쌓기나무 위에 I개를 쌓은 모양을 찾아 기호를 써 보세요.

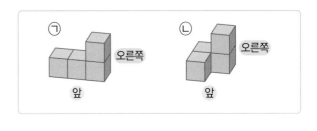

( )

241004-0496
**14** 오른쪽 쌓기나무를 보고 ☐ 안에 알맞은 수나 말을 써넣으세요.

쌓기나무 ☐ 개를 옆으로 나란히 놓고,

가장 ☐ 에 있는 쌓기나무

의 ☐ 과 뒤에 쌓기나무를 ☐ 개씩

놓았습니다.

서술형 241004-0497
**15** 쌓기나무의 수가 가장 많은 것과 가장 적은 것의 쌓기나무 수의 차는 몇 개인지 풀이 과정을 쓰고 답을 구해 보세요.

풀이

답

**❶ 덧셈하기**

- 일의 자리 수끼리의 합이 10이거나 10보다 크면 10을 십의 자리로 받아올림합니다.
- 십의 자리 수끼리의 합이 100이거나 100보다 크면 100을 백의 자리로 받아올림합니다.

**❷ 뺄셈하기**

- 일의 자리끼리 뺄 수 없는 경우에는 십의 자리에서 10을 받아내림합니다.

**❸ 세 수의 계산하기**

- 앞에서부터 두 수씩 순서대로 계산합니다.

**❹ 덧셈과 뺄셈의 관계를 식으로 나타내기**

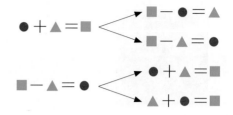

**❺ □가 사용된 식을 만들고 □의 값 구하기**

① 모르는 수를 □를 사용하여 식을 세웁니다.
② 덧셈과 뺄셈의 관계를 이용하여 □의 값을 구합니다.

---

**01** 241004-0498

덧셈해 보세요.

(1)
```
    2 6
  +   8
```

(2)
```
    4 7
  +   5
```

**02** 241004-0499

두 수의 합을 구해 보세요.

| 16 | 68 |

(                    )

**03** 241004-0500

빈칸에 알맞은 수를 써넣으세요.

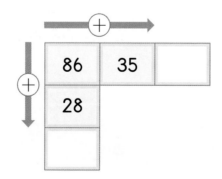

**04** 241004-0501

뺄셈해 보세요.

(1) 23 − 9

(2) 54 − 8

일의 자리 수끼리의 합이 10이거나 10보다 크면 10을 십의 자리로 받아올림합니다.

세로셈을 이용하여 받아올림에 주의하여 계산합니다.

십의 자리 수끼리의 합이 100이거나 100보다 크면 100을 백의 자리로 받아올림합니다.

받아내림에 주의하여 계산합니다.

**05** 241004-0502
두 수의 차를 구해 보세요.

| 10이 6개인 수 | 10이 3개, 1이 2개인 수 |

(             )

두 수를 먼저 구합니다.

**06** 241004-0503
●와 ▲의 합은 얼마일까요?

$$53-25=●, 25-18=▲$$

(             )

●와 ▲의 값을 구합니다.

**07** 241004-0504
□ 안에 알맞은 수를 써넣으세요.

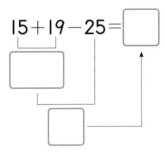

$$15+19-25=\boxed{\phantom{00}}$$

세 수의 계산을 할 때는 앞에서부터 두 수씩 순서대로 계산합니다.

**08** 241004-0505
계산해 보세요.

(1) $43+19+15$          (2) $56-28+35$

받아올림과 받아내림에 주의하여 계산합니다.

**09** 241004-0506
덧셈식을 뺄셈식 2개로 나타내 보세요.

$$52+39=91$$

(       ,       )

덧셈식을 뺄셈식 2개로 만들 수 있습니다.

**10** 241004-0507
□ 안에 알맞은 수를 써넣으세요.

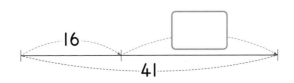

덧셈과 뺄셈의 관계를 이용하여 구합니다.

### 3. 덧셈과 뺄셈

241004-0508

**01** ☐ 안에 알맞은 수를 써넣으세요.

$$16+5=\boxed{\phantom{00}}$$

241004-0509

**02** 덧셈해 보세요.

(1) $18+13$

(2) $57+35$

241004-0510

**03** 계산 결과를 비교하여 ○ 안에 >, =, <를 알맞게 써넣으세요.

$$67+45 \bigcirc 28+95$$

241004-0511

**04** ☐ 안에 알맞은 수를 써넣으세요.

$$67 \rightarrow \boxed{-38} \rightarrow \boxed{\phantom{00}}$$

241004-0512

**05** 계산 결과가 가장 작은 것의 기호를 써 보세요.

| ㉠ $30-16$ | ㉡ $40-27$ | ㉢ $50-12$ |

(          )

241004-0513

**06** 고구마가 32개 있었습니다. 친구에게 고구마를 17개 주었습니다. 남은 고구마는 몇 개일까요?

(          )

서술형 241004-0514

**07** 10이 7개인 수와 10이 3개, 1이 8개인 수의 차는 얼마인지 풀이 과정을 쓰고 답을 구해 보세요.

풀이 _____

_____

_____

답 _____

241004-0515

**08** ☐ 안에 알맞은 수를 써넣으세요.

$$53 - 16 + 25 = \boxed{\phantom{00}}$$

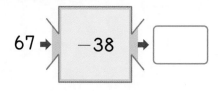

**09** 빈칸에 알맞은 수를 써넣으세요.

241004-0516

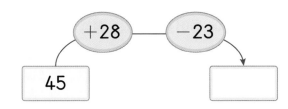

**10** 선생님께서 연필을 83자루 가지고 오셨습니다. 연필을 1교시에 28자루 나누어 주셨고 2교시에 19자루 나누어 주셨습니다. 남은 연필은 몇 자루일까요?

241004-0517

( )

**11** 덧셈식을 뺄셈식 2개로 나타내 보세요.

241004-0518

$$28 + 48 = 76$$

( , )

[12~13] 수 카드를 보고 물음에 답하세요.

**12** 수 카드 중에서 2장을 골라 차가 35가 되는 뺄셈식을 만들어 보세요.

241004-0519

□ - □ = 35

**13** 12번에서 만든 뺄셈식을 덧셈식 2개로 나타내 보세요.

241004-0520

( , )

**14** □ 안에 알맞은 수를 써넣으세요.

241004-0521

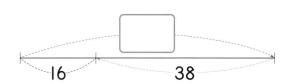

**서술형**

**15** 주어진 조건을 보고 어떤 수보다 23 큰 수는 얼마인지 풀이 과정을 쓰고 답을 구해 보세요.

241004-0522

어떤 수보다 **6** 작은 수는 **48**입니다.

풀이 _____

_____

_____

답 _____

3. 덧셈과 뺄셈

241004-0523

**01** 바르게 계산한 쪽에 ○표 하세요.

$$
\begin{array}{r}
5\ 4 \\
+\ \ \ 8 \\
\hline
5\ 2
\end{array}
\qquad
\begin{array}{r}
3\ 6 \\
+\ \ \ 8 \\
\hline
4\ 4
\end{array}
$$

(      )      (      )

241004-0524

**02** 두 수의 합을 구해 보세요.

| 27 | 64 |
|---|---|

(      )

241004-0525

**03** 계산 결과가 큰 순서대로 기호를 써 보세요.

㉠ 56+47    ㉡ 38+88    ㉢ 63+29

(      )

241004-0526

**04** 두 수의 차를 구해 보세요.

| 33     5 |
|---|

(      )

241004-0527

**05** 빈칸에 알맞은 수를 써넣으세요.

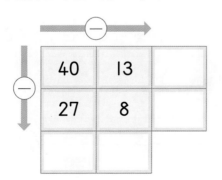

241004-0528

**06** ☐ 안에 들어갈 수 있는 뺄셈식을 골라 ○표 하세요.

$$25+38<\boxed{\phantom{00}}$$

( 77−19 , 83−17 , 91−29 )

241004-0529

**07** ☐ 안에 알맞은 수를 써넣으세요.

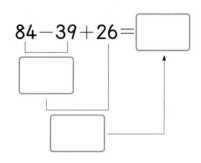

$$84-39+26=\boxed{\phantom{00}}$$

241004-0530

**08** 같은 것끼리 선으로 이어 보세요.

| 23+48+19 · | · 66 |
|---|---|
| 37−16+45 · | · 90 |
| 55−19−23 · | · 13 |

**서술형**
241004-0531
**09** □ 안에 들어갈 수 있는 수 중에서 가장 큰 수는 얼마인지 풀이 과정을 쓰고 답을 구해 보세요.

$$13+28-8>□$$

풀이 _____

_____

_____

답 _____

241004-0532
**10** 뺄셈식을 덧셈식 2개로 나타내 보세요.

$$77-39=38$$

( , )

241004-0533
**11** 그림을 보고 덧셈식을 뺄셈식으로 나타내 보세요.

$$18+26=\boxed{\phantom{00}}$$

$$\boxed{\phantom{00}}-\boxed{\phantom{00}}=26$$

$$\boxed{\phantom{00}}-\boxed{\phantom{00}}=\boxed{\phantom{00}}$$

241004-0534
**12** □ 안에 알맞은 수를 써넣으세요.

$$37+\boxed{\phantom{00}}=72$$

$$72-\boxed{\phantom{00}}=37$$

241004-0535
**13** 그림을 보고 □를 사용하여 알맞은 식으로 나타내 보세요.

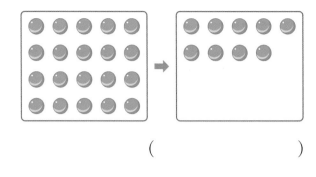

( )

241004-0536
**14** 어떤 수를 □를 사용하여 식으로 나타낸 것입니다. 잘못 나타낸 것을 찾아 기호를 써 보세요.

⊙ 어떤 수에 15를 더하면 42입니다.
➡ □+15=42
ⓒ 73에서 어떤 수를 빼면 46입니다.
➡ □-73=46
ⓒ 65에 어떤 수를 더하면 89입니다.
➡ 65+□=89

( )

**서술형**
241004-0537
**15** 어떤 수와 38의 합은 66입니다. 어떤 수를 구하는 풀이 과정을 쓰고 답을 구해 보세요.

풀이 _____

_____

_____

답 _____

## ❶ 여러 가지 단위로 길이 재기

- 연필의 길이는 클립으로 **6**번입니다.
- 연필의 길이는 막대자석으로 **3**번입니다.

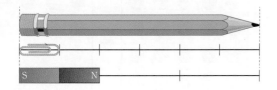

## ❷ 1 cm 알기

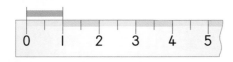

- ┣━━━┫의 길이를 **1** cm라 쓰고 **1** 센티미터 라고 읽습니다.

## ❸ 자로 길이 재기

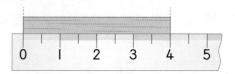

① 막대의 한쪽 끝을 자의 눈금 **0**에 맞춥니다.
② 막대의 다른 쪽 끝에 있는 자의 눈금을 읽습니다.
➡ 막대의 길이는 **4** cm입니다.

## ❹ 길이 어림하기

- 어림한 길이를 말할 때는 약 ☐ cm라고 합니다.

---

241004-0538

**01** 삼각형의 두 변 가와 나의 길이만큼 색 테이프를 자른 다음 길이를 비교했습니다. 가와 나 중에서 더 긴 것은 어느 것인가요?

（　　　　　　　　）

직접 비교할 수 없는 경우는 색 테이프나 리본과 도구를 사용하여 길이를 비교합니다.

241004-0539

**02** 붓의 길이는 집게로 몇 번인가요?

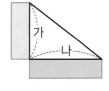

（　　　　　　　　）

241004-0540

**03** 책장의 짧은 쪽의 길이를 민수의 뼘으로 재었더니 8뼘쯤이고, 준우의 뼘으로 재었더니 7뼘쯤이었습니다. 민수와 준우 중 뼘의 길이가 더 긴 친구는 누구일까요?

（　　　　　　　　）

 단위길이가 길수록 어떤 물건의 길이를 잰 횟수는 적어집니다.

**04** 길이가 2 cm인 종이 띠를 찾아 기호를 써 보세요.

241004-0541

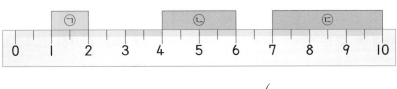

(          )

1 cm가 2번이면 2 cm입니다.

**05** 5 cm만큼 점선을 따라 선을 그어 보세요.

241004-0542

5 cm는 1 cm가 5번입니다.

**06** 클립의 길이를 바르게 잰 것을 찾아 ○표 하세요.

241004-0543

 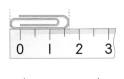 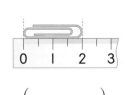

(    )    (    )    (    )

클립의 한쪽 끝을 자의 눈금 0에 맞춥니다.

**07** 풀의 길이를 자로 재어 보세요.

241004-0544

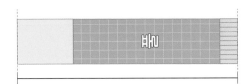

(         )

풀의 한쪽 끝을 자의 눈금 0에 맞춘 후 다른 쪽 끝에 있는 자의 눈금을 읽습니다.

**08** 과자의 길이는 약 몇 cm인가요?

241004-0545

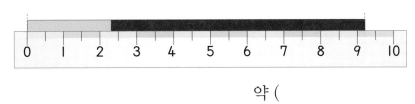

약 (         )

과자의 한쪽 끝이 0일 때 다른 쪽 끝이 어느 눈금의 숫자에 더 가까운지 확인합니다.

**09** 바늘의 길이를 어림하고 자로 재어 확인해 보세요.

241004-0546

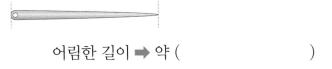

어림한 길이 ➡ 약 (       )
자로 잰 길이 ➡ (       )

1 cm가 몇 번쯤 들어가는지 생각해 봅니다.

**10** 무릎에서 발바닥까지의 길이에 가장 가까운 길이를 찾아 ○표 하세요.

241004-0547

| 4 cm | 40 cm | 400 cm |
|------|-------|--------|

한 뼘의 길이는 약 10 cm입니다.

4. 길이 재기

241004-0548

**01** 길이가 같은 색 막대로 삼각형의 변의 길이를 비교했습니다. 초록색 변과 빨간색 변 중 더 짧은 변은 어느 것인가요?

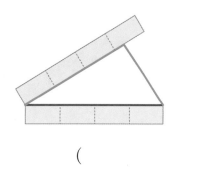

( )

241004-0549

**02** 창문의 긴 쪽 길이를 연필과 풀로 재어 보았습니다. ☐ 안에 알맞은 수를 써넣으세요.

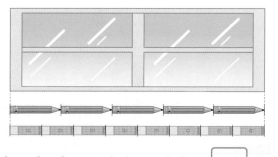

창문의 긴 쪽 길이는 연필로 ☐번이고, 풀로 ☐번입니다.

241004-0550

**03** 엄지손톱으로 길이가 4번쯤 되는 막대를 찾아 색칠해 보세요.

```
[                    ]

[                         ]

[                              ]
```

241004-0551

**04** 책상의 짧은 쪽의 길이를 여러 가지 단위로 재었습니다. 잰 횟수가 가장 적은 단위를 찾아 기호를 써 보세요.

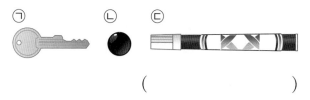

( )

서술형
241004-0552

**05** 교실의 칠판의 길이는 선생님의 뼘으로 15뼘쯤이고, 민수의 뼘으로 20뼘쯤입니다. 같은 길이를 재었는데 두 사람이 잰 횟수가 다른 이유를 써 보세요.

이유 _____

_____

241004-0553

**06** 막대를 한 번 잘라서 길이가 4 cm인 막대를 만들려고 합니다. 잘라야 하는 선을 표시해 보세요.

| 1 cm
```
[    ][    ][    ][    ][    ][    ][    ]
```

241004-0554

**07** ⊢───┤의 길이를 1 cm라고 할 때 머리핀의 길이를 쓰고 읽어 보세요.

| 쓰기 | 읽기 |
|------|------|
|      |      |
|      |      |

**08** 길이가 가장 긴 변을 찾아 자로 재어 보세요.

241004-0555

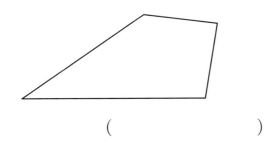

( )

**서술형**
**09** 은우는 길이가 6 cm인 열쇠로 그림책의 긴 쪽의 길이를 재었더니 5번쯤이었습니다. 그림책의 긴 쪽의 길이는 약 몇 cm인지 풀이 과정을 쓰고 답을 구해 보세요.

241004-0556

풀이 _____

_____

_____

답 약 _____

**10** 포크의 길이는 약 몇 cm인가요?

241004-0557

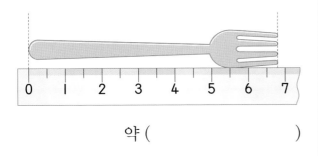

약 ( )

**11** 키보드의 긴 쪽의 길이를 어림한 다음 자로 재어 보았더니 40 cm였습니다. 가장 잘 어림한 친구는 누구일까요?

241004-0558

| 지민 | 하연 | 한비 |
|---|---|---|
| 약 38 cm | 약 50 cm | 약 45 cm |

( )

**12** 지갑의 긴 쪽의 길이를 어림하고 자로 재어 보세요.

241004-0559

어림한 길이 ➡ 약 ( )
자로 잰 길이 ➡ ( )

**13** 가의 길이는 6 cm입니다. 나의 길이는 약 몇 cm일까요?

241004-0560

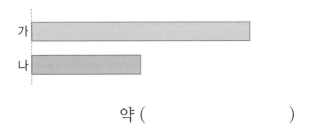

약 ( )

**14** 길이를 바르게 어림한 친구는 누구일까요?

241004-0561

하빈: 지우개의 짧은 쪽의 길이는 약 3 cm야.

다준: 만점왕 문제집의 긴 쪽의 길이는 약 10 cm야.

( )

**15** 분홍색 리본과 연두색 리본의 길이를 더하면 몇 cm일까요?

241004-0562

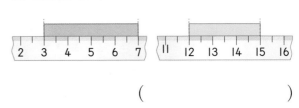

( )

## 4. 길이 재기

**01** 241004-0563
길이가 가장 긴 줄의 기호를 써 보세요.

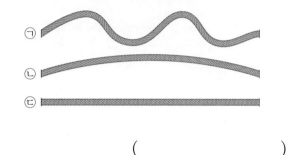

( )

**02** 241004-0564
우유팩의 긴 쪽과 짧은 쪽의 길이는 ▬ 로 몇 번인가요?

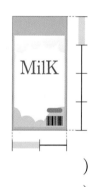

긴 쪽 ( )

짧은 쪽 ( )

**03** 241004-0565
책장의 긴 쪽의 길이를 각자의 연필로 재었습니다. 더 긴 연필을 가진 친구는 누구일까요?

책장의 긴 쪽의 길이는 내 연필로 10번쯤이야.

책장의 긴 쪽의 길이는 내 연필로는 12번쯤이야.

현진

태윤

( )

**04** 241004-0566
냉장고의 높이를 잴 때 단위로 사용할 수 있는 것을 주변에서 찾아 2가지 써 보세요.

( )

**05** 241004-0567
머리핀의 길이는 몇 cm인가요?

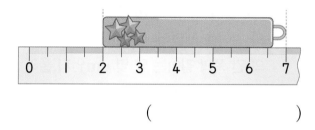

( )

서술형
**06** 241004-0568
네 변의 길이가 모두 1 cm인 사각형 4개로 모양을 만들었습니다. 파란색 선의 길이는 모두 몇 cm인지 풀이 과정을 쓰고 답을 구해 보세요.

1 cm

풀이 _____

_____

_____

답 _____

**07** 241004-0569
1 cm가 7번인 색 테이프의 기호를 써 보세요.

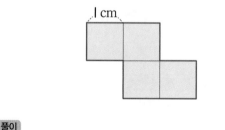

( )

**08** 주어진 길이만큼 점선을 따라 선을 그려 보세요.

241004-0570

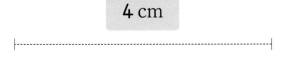

4 cm

**09** 길이가 2 cm인 변은 모두 몇 개인가요?

241004-0571

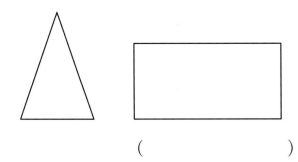

( )

**10** 선의 길이는 약 몇 cm인가요?

241004-0572

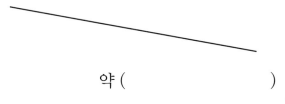

약 ( )

**11** 2 cm보다 길고 3 cm보다 짧은 클립을 찾아 기호를 써 보세요.

241004-0573

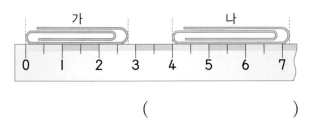

( )

**12** 두 막대의 길이를 이용해 막대를 약 5 cm만큼 색칠해 보세요.

241004-0574

2 cm
3 cm

**13** 크레파스의 길이를 가장 바르게 나타낸 것을 찾는 풀이 과정을 쓰고 답을 구해 보세요.

241004-0575

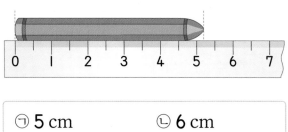

㉠ 5 cm    ㉡ 6 cm
㉢ 약 5 cm    ㉣ 약 6 cm

풀이 _____

_____

답 _____

**14** ☐ 안에 알맞은 수를 보기 에서 찾아 써 보세요.

241004-0576

보기

4    25    100

시장에서 사 온 오이의 길이는

약 ☐ cm입니다.

**15** 다음 몸의 부분 중 길이가 약 30 cm인 것은 어느 것일까요? ( )

241004-0577

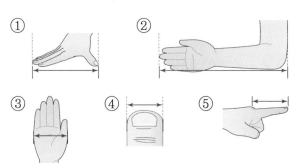

① ② ③ ④ ⑤

**❶ 분류**

- 어떤 기준을 정해서 나누는 것을 분류라고 합니다.
- 모양, 색깔 등 여러 가지 기준에 따라 분류할 수 있습니다.

**❷ 분류 기준 정하는 방법**

- 모두가 인정하는 분명한 기준
- 누가 분류하더라도 같은 결과가 나올 수 있는 기준
- 모든 물건이 나누어질 수 있는 기준

**❸ 분류하여 세어 보기**

- 조사한 자료를 셀 때 자료를 빠뜨리지 않기 위해 표시하며 셉니다.
- 모든 자료를 세어 본 후에는 전체 수와 센 결과가 일치하는지 확인합니다.

**❹ 분류한 결과 말하기**

- 분류되어 있으면 편리한 점
  ① 쉽게 찾을 수 있습니다.
  ② 정리되어 깔끔합니다.
  ③ 무엇이 더 많은지 비교하기 편리합니다.

**[1-2]** 학교에 우산이 여러 개 있습니다. 물음에 답하세요.

241004-0578

**01** 분류 기준으로 알맞은 것을 모두 찾아 기호를 써 보세요.

> ㉠ 예쁜 것과 예쁘지 않은 것
> ㉡ 무늬가 있는 것과 없는 것
> ㉢ 긴 것과 짧은 것
> ㉣ 비싼 것과 비싸지 않은 것

(                    )

누가 분류하더라도 같은 결과가 나올 수 있는 기준이어야 합니다.

241004-0579

**02** 길이에 따라 분류하여 기호를 써 보세요.

| 긴 것 | |
|---|---|
| 짧은 것 | |

분류한 다음에는 빠뜨리거나 중복하여 센 것이 있는지 확인해 봅니다.

**[3~4]** 다영이가 꽃 그림을 그렸습니다. 물음에 답하세요.

**03** 모양에 따라 분류하여 그 수를 세어 보세요.

| 모양 | ❀ | ✿ |
|---|---|---|
| 세면서 표시하기 | | |
| 그림 수(개) | | |

모든 자료를 세어 본 후에는 전체 수와 센 결과가 일치하는지 확인합니다.

**04** 색깔에 따라 분류하여 그 수를 세어 보세요.

| 색깔 | 빨간색 | 노란색 | 보라색 |
|---|---|---|---|
| 그림 수(개) | | | |

**[5~6]** 지은이가 친구들이 먹고 싶은 음식을 조사하였습니다. 물음에 답하세요.

| 햄버거 | 햄버거 | 스파게티 | 김밥 | 햄버거 | 스파게티 |
|---|---|---|---|---|---|
| 김밥 | 김밥 | 햄버거 | 스파게티 | 김밥 | 김밥 |

**05** 음식을 종류에 따라 분류하여 그 수를 세어 보세요.

| 종류 | 스파게티 | 햄버거 | 김밥 |
|---|---|---|---|
| 친구 수(명) | | | |

빠뜨리거나 중복되지 않게 수를 세어 봅니다.

**06** 먹고 싶은 친구가 가장 많은 음식은 무엇인가요?

(                    )

분류하여 나타낸 것을 보면 쉽게 알 수 있습니다.

**5. 분류하기**

241004-0584

**01** 분류 기준으로 알맞지 <u>않은</u> 것을 찾아 ×표 하세요.

맛있는 것과 맛없는 것      (     )
과일과 야채      (     )
색깔      (     )

서술형 241004-0585

**02** 어떻게 분류하면 좋을지 분류 기준을 두 가지 써 보세요.

분류 기준 _____

_____

241004-0586

**03** 다음과 같이 분류하였습니다. 분류 기준을 써 보세요.

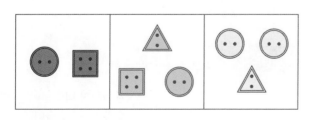

분류 기준 _____

**[4~5]** 그림을 보고 물음에 답하세요.

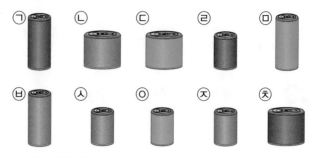

241004-0587

**04** 캔을 모양에 따라 분류하여 기호를 써 보세요.

| 모양 | | | |
|---|---|---|---|
| 기호 | | | |

241004-0588

**05** 캔을 색깔에 따라 분류하여 기호를 써 보세요.

| 색깔 | 빨간색 | 초록색 | 보라색 |
|---|---|---|---|
| 기호 | | | |

241004-0589

**06** 동물의 이름을 글자 수에 따라 분류하여 기호를 써 보세요.

ㄱ곰   ㄴ사슴   ㄷ토끼   ㄹ고양이   ㅁ사자

ㅂ호랑이   ㅅ말   ㅇ돼지   ㅈ하마

| 글자 수 | 1자 | 2자 | 3자 |
|---|---|---|---|
| 기호 | | | |

[7~8] 현빈이네 반에 있는 양치 컵입니다. 물음에 답하세요.

241004-0590

**07** 양치 컵을 손잡이 개수에 따라 분류하여 그 수를 세어 보세요.

| 손잡이 개수 | 0개 | 1개 |
|---|---|---|
| 컵 수(개) | | |

241004-0591

**08** 양치 컵을 무늬에 따라 분류하여 그 수를 세어 보세요.

| 무늬 | 있음 | 없음 |
|---|---|---|
| 컵 수(개) | | |

[9~10] 친척들이 모여 점심을 먹으려고 주문한 음식입니다. 물음에 답하세요.

| 짜장면 | 짬뽕 | 짜장면 | 짬뽕 |
|---|---|---|---|
| 짬뽕 | 짜장면 | 짬뽕 | 짬뽕 |
| 탕수육 | 짬뽕 | 짬뽕 | 탕수육 |

241004-0592

**09** 친척들이 주문한 음식을 종류에 따라 분류하여 그 수를 세어 보세요.

| 종류 | 짜장면 | 짬뽕 | 탕수육 |
|---|---|---|---|
| 음식 수(개) | | | |

241004-0593

**10** 친척들이 가장 많이 주문한 음식은 무엇인가요?

( )

[11~12] 민아와 엄마는 곧 태어날 동생의 물건을 정리했습니다. 물음에 답하세요.

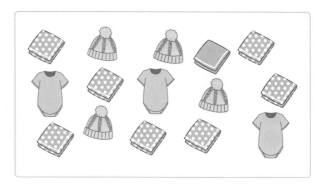

241004-0594

**11** 동생의 물건을 종류에 따라 분류하여 그 수를 세어 보세요.

| 종류 | 옷 | 모자 | 손수건 |
|---|---|---|---|
| 물건 수(개) | | | |

241004-0595

**12** 동생을 위해 손수건을 더 사려고 합니다. 무늬가 있는 손수건과 무늬가 없는 손수건의 수가 같게 하려고 할 때 무늬가 없는 손수건을 몇 장 더 사야 할까요?

( )

서술형
241004-0596

**13** 호진이네 반 학생들이 체육 시간에 하고 싶은 운동을 조사하였습니다. 체육 시간에 어떤 운동을 하면 좋을지 풀이 과정을 쓰고 답을 구해 보세요.

| 축구 | 피구 | 야구 | 축구 | 피구 |
|---|---|---|---|---|
| 농구 | 농구 | 축구 | 농구 | 축구 |
| 피구 | 축구 | 피구 | 야구 | 축구 |

풀이 _____

_____

_____

답 _____

## 5. 분류하기

241004-0597

**01** 알맞은 분류 기준을 찾아 선으로 이어 보세요.

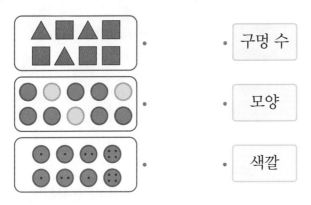

- 구멍 수
- 모양
- 색깔

241004-0598

**02** 모양을 기준으로 분류할 수 있는 것을 찾아 기호를 써 보세요.

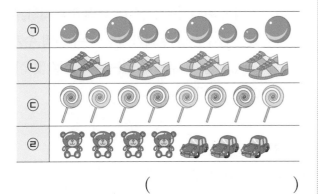

(                    )

241004-0599

**03** 어떻게 분류하면 좋을지 분류 기준을 한 가지만 써 보세요.

분류 기준 _____

241004-0600

**04** 동물을 활동하는 곳에 따라 분류하여 동물 이름을 써 보세요.

독수리    코끼리    상어    말

사자    돌고래    기린    사슴    참새

| 활동하는 곳 | 하늘 | 땅 | 물 |
|---|---|---|---|
| 동물 이름 |  |  |  |

**[5~6]** 탈것을 보고 물음에 답하세요.

241004-0601

**05** 탈것을 이용하는 장소에 따라 분류하여 기호를 써 보세요.

| 이용하는 장소 | 땅 | 하늘 | 물 |
|---|---|---|---|
| 기호 |  |  |  |

241004-0602

**06** 비행기는 어디에 분류해야 하나요?

(                    )

**[7~9]** 수 카드를 보고 물음에 답하세요.

| 15 | 5 | 17 | 9 |
|---|---|---|---|
| 121 | 26 | 135 | 88 |
| 100 | 78 | 111 | 1 |

241004-0603

**07** 자릿수에 따라 분류하여 그 수를 세어 보세요.

| 자릿수 | 한 자리 수 | 두 자리 수 | 세 자리 수 |
|---|---|---|---|
| 카드 수(장) | | | |

241004-0604

**08** 색깔에 따라 분류하여 그 수를 세어 보세요.

| 색깔 | 주황색 | 보라색 | 초록색 |
|---|---|---|---|
| 카드 수(장) | | | |

241004-0605

**09** 다음과 같은 기준에 알맞은 것은 모두 몇 장인가요?

> • 보라색입니다.
> • 세 자리 수입니다.

( )

서술형

241004-0606

**10** 집에 있는 책을 종류에 따라 분류하였습니다. 집에 있는 종류별 책 수가 같아지려면 어느 것을 몇 권 더 사야 하는지 풀이 과정을 쓰고 답을 구해 보세요.

| 종류 | 과학책 | 문학책 | 역사책 |
|---|---|---|---|
| 권수(권) | 4 | 4 | 1 |

풀이 _____

_____

_____

답 _____

**[11~12]** 공을 크기가 다른 상자 세 개에 정리하려고 합니다. 물음에 답하세요.

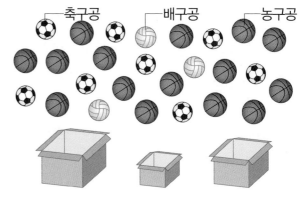
축구공 · 배구공 · 농구공

241004-0607

**11** 공을 분류하여 그 수를 세어 보세요.

| 종류 | 농구공 | 배구공 | 축구공 |
|---|---|---|---|
| 공의 수(개) | | | |

서술형

241004-0608

**12** 가장 큰 상자와 가장 작은 상자에 각각 어떤 공을 넣으면 좋은지 풀이 과정을 쓰고 답을 구해 보세요.

풀이 _____

_____

답 가장 큰 상자: _____

가장 작은 상자: _____

241004-0609

**13** 친구들이 좋아하는 계절을 조사한 것을 보고 계절별로 분류하여 센 것입니다. ㉠에 알맞은 계절과 ㉡에 알맞은 수를 각각 구해 보세요.

| 봄 | 여름 | 여름 | 가을 | 겨울 | ㉠ |
|---|---|---|---|---|---|
| 가을 | 봄 | 여름 | 봄 | 여름 | 여름 |
| 가을 | 겨울 | 여름 | 가을 | 가을 | 봄 |

| 계절 | 봄 | 여름 | 가을 | 겨울 |
|---|---|---|---|---|
| 친구 수(명) | 4 | 6 | ㉡ | 3 |

㉠ ( )

㉡ ( )

**❶ 여러 가지 방법으로 세어 보기**

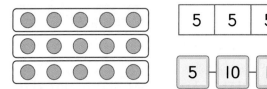

- 1, 2, 3, ...으로 세어 보면 모두 **8**개입니다.
- **2, 4, 6, 8**로 뛰어서 세어 보면 모두 **8**개입니다.
- **4**개씩 **2**묶음으로 묶어서 세어 보면 모두 **8**개입니다.

**❷ 묶어 세기**

|  |  |  |
|---|---|---|
| 5 | 5 | 5 |

| 5 | 10 | 15 |
|---|---|---|

➡ 모두 **15**개입니다.

**❸ 곱셈 알아보기**

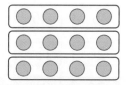

- **4**씩 **3**묶음은 **4**의 **3**배입니다.
- **4**의 **3**배는 **4×3**이라고 씁니다.
- **4×3**은 **4** 곱하기 **3**이라고 읽습니다.

**❹ 곱셈식으로 나타내기**

- 밤의 수는 **3**씩 **4**묶음이므로 **3**의 **4**배입니다.
- 덧셈식으로 나타내면 **3+3+3+3=12**입니다.
- 곱셈식으로 나타내면 **3×4=12**입니다.

---

**[1~3]** 쌓기나무의 수를 알아보려고 합니다. ☐ 안에 알맞은 수를 써넣으세요.

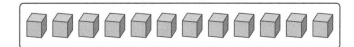

**01**  241004-0610

쌓기나무를 하나씩 세어 보면 1, 2, 3, ... , ☐ 이므로 모두 ☐ 개입니다.

**02**  241004-0611

쌓기나무를 2씩 뛰어서 세면 2, 4, ☐ , ☐ , ☐ , ☐ 이므로 모두 ☐ 개입니다.

**03**  241004-0612

3개씩 4묶음으로 묶어서 세어 보면 모두 ☐ 개입니다.

 ■씩 뛰어 세면 ■씩 묶어 세는 것과 같아요.

[4~5] 그림을 보고 물음에 답하세요.

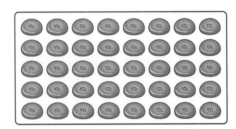

241004-0613

**04** 빵을 8개씩 묶어 세려고 합니다. ☐ 안에 알맞은 수를 써넣으세요.

241004-0614

**05** 빵은 모두 몇 개인가요?                    (                    )

[6~8] 그림을 보고 ☐ 안에 알맞은 수를 써넣으세요.

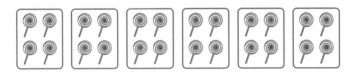

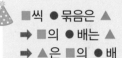
■씩 ●묶음은 ▲
➡ ■의 ● 배는 ▲
➡ ▲은 ■의 ● 배

241004-0615

**06** 4씩 6묶음은 4의 ☐ 배입니다.

241004-0616

**07** $4+4+4+4+4+4=4×$ ☐ $=$ ☐

241004-0617

**08** 사탕은 ☐ 개입니다.

241004-0618

**09** 6의 5배를 [보기]와 같이 덧셈식으로 나타내 보세요.

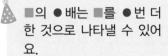
■의 ● 배는 ■를 ●번 더한 것으로 나타낼 수 있어요.

[보기]
3의 7배 ➡ $3+3+3+3+3+3+3=21$

6의 5배 ➡ _____

241004-0619

**10** 서진이네 반 학생들을 한 모둠에 4명씩 5모둠으로 만들었습니다. 서진이네 반 학생은 모두 몇 명인지 곱셈식으로 나타내 보세요.

[곱셈식] _____

# 학교 시험 만점왕 1회

## 6. 곱셈

[1~2] 수박은 모두 몇 통인지 알아보려고 합니다. 물음에 답하세요.

241004-0620

**01** 2씩 묶어서 세어 보세요.

241004-0621

**02** 수박은 모두 몇 통인가요?

(                    )

[3~4] 수진이는 쌓기나무를 4개씩 묶어서 세었습니다. 물음에 답하세요.

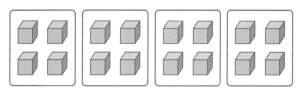

241004-0622

**03** 빈칸에 알맞은 수를 써넣으세요.

241004-0623

**04** 쌓기나무의 수를 덧셈식으로 나타내 보세요.

$$4 + \boxed{\phantom{0}} + \boxed{\phantom{0}} + \boxed{\phantom{0}} = \boxed{\phantom{0}}$$

241004-0624

**05** ☐ 안에 알맞은 수를 써넣으세요.

6씩 3묶음 ➡ ☐의 ☐배

241004-0625

**06** 그림을 보고 ☐ 안에 알맞은 수를 써넣으세요.

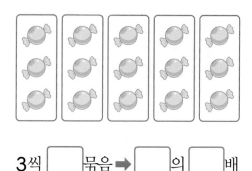

3씩 ☐묶음 ➡ ☐의 ☐배

241004-0626

**07** ☐ 안에 알맞은 수를 써넣으세요.

9씩 3묶음

➡ ☐ + ☐ + ☐

➡ ☐ × ☐

241004-0627

**08** 그림을 보고 빈칸에 알맞은 곱셈식을 써넣으세요.

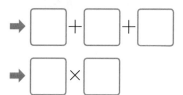

| | |
|---|---|
| | 2 × 2 |
| | |
| | |

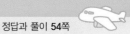

**09** 241004-0628
코스모스 한 송이의 꽃잎은 8장입니다. 코스모스 6송이의 꽃잎의 수를 곱셈식으로 나타내 보세요.

8 × ☐ = ☐

서술형
**10** 241004-0629
㉠과 ㉡에 알맞은 수의 합을 구하는 풀이 과정을 쓰고 답을 구해 보세요.

- 2+2+2+2+2+2+2 ➡ 2의 ㉠배
- 5+5+5+5+5+5 ➡ 5의 ㉡배

풀이 _____

_____

_____

답 _____

**11** 241004-0630
바르게 나타낸 것을 모두 찾아 기호를 써 보세요.

㉠ 2씩 9묶음 ➡ 2×9
㉡ 6의 8배 ➡ 6+8
㉢ 3과 7의 곱 ➡ 3×7
㉣ 7씩 4묶음 ➡ 7−4

( )

**12** 241004-0631
계산 결과가 다른 하나를 찾아 기호를 써 보세요.

㉠ 4×7  ㉡ 6×5  ㉢ 7×4

( )

**13** 241004-0632
도영이는 쿠키를 4개 먹었고, 예나는 도영이가 먹은 쿠키의 3배를 먹었습니다. 예나가 먹은 쿠키는 몇 개일까요?

( )

**14** 241004-0633
그림을 보고 만들 수 있는 곱셈식을 모두 나타내려고 합니다. ☐ 안에 알맞은 수를 써넣으세요.

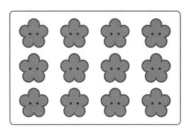

3×4=12
4×☐=☐
2×☐=☐
6×☐=☐

서술형
**15** 241004-0634
도넛이 한 상자에 9개씩 8상자 있습니다. 도넛은 모두 몇 개인지 풀이 과정을 쓰고 답을 구해 보세요.

풀이 _____

_____

답 _____

6. 곱셈

[1~2] 종이배의 수를 알아보려고 합니다. □ 안에 알맞은 수를 써넣으세요.

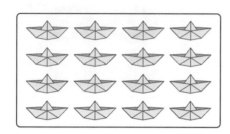

241004-0635

**01** 종이배를 하나씩 세면 모두 □ 개입니다.

241004-0636

**02** 종이배를 2씩 뛰어서 세면 2, 4, □, □,

□, □, □, □이므로

모두 □ 개입니다.

[3~4] 그림을 보고 물음에 답하세요.

241004-0637

**03** 음료수를 3씩 묶어서 세어 보세요.

| 3 | 6 | 9 | □ | □ | □ |

241004-0638

**04** □ 안에 알맞은 수를 써넣고 음료수는 모두 몇 개인지 구해 보세요.

3씩 □ 묶음

( )

241004-0639

**05** 그림을 보고 □ 안에 알맞은 수를 써넣으세요.

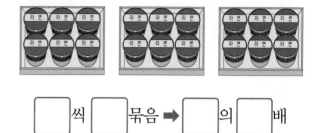

□ 씩 □ 묶음 ➡ □ 의 □ 배

241004-0640

**06** 화단의 꽃은 5씩 몇 묶음인지 쓰고 꽃은 모두 몇 송이인지 구해 보세요.

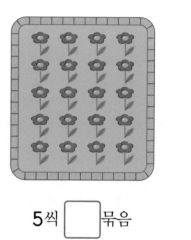

5씩 □ 묶음

( )

241004-0641

**07** 치즈는 모두 몇 조각인지 □ 안에 알맞은 수를 써넣으세요.

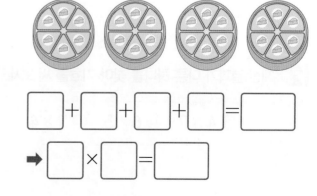

□ + □ + □ + □ = □

➡ □ × □ = □

**08** 241004-0642

그림을 보고 □ 안에 알맞은 수를 써넣으세요.

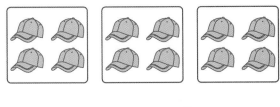

4의 □ 배는 □ 입니다.

**09** 241004-0643

□ 안에 알맞은 수를 써넣으세요.

- $9+9+9=9×$ □
- $5+5+5+5+5=5×$ □

**10** 241004-0644

8의 3배를 [보기]와 같이 나타내 보세요.

[보기]

2의 4배 ➡ $2+2+2+2=8$

8의 3배 ➡ _____

**11** 241004-0645

관계 있는 것끼리 선으로 이어 보세요.

| 8씩 3묶음 | · | · | 9의 2배 |
| 9씩 2묶음 | · | · | 8의 3배 |
| | | · | 8의 2배 |

**12** 241004-0646

비행기의 수를 곱셈식으로 바르게 나타낸 것의 기호를 써 보세요.

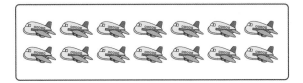

㉠ $8×2=16$    ㉡ $7×2=14$

(          )

서술형
**13** 241004-0647

서우는 동화책을 2권, 지수는 동화책을 10권 가지고 있습니다. 지수가 가진 동화책 수는 서우가 가진 동화책 수의 몇 배인지 풀이 과정을 쓰고 답을 구해 보세요.

풀이 _____

_____

답 _____

**14** 241004-0648

훈이네 반 학생은 운동장에 9명씩 2줄로 섰습니다. 훈이네 반 학생은 모두 몇 명일까요?

(          )

서술형
**15** 241004-0649

사랑이 나이는 9세이고 아버지의 나이는 사랑이 나이의 4배보다 7세 더 많습니다. 아버지의 나이는 몇 세인지 풀이 과정을 쓰고 답을 구해 보세요.

풀이 _____

_____

_____

답 _____

MEMO

## 효과가 상상 이상입니다.

예전에는 아이들의 어휘 학습을 위해 학습지를 만들어 주기도 했는데,
이제는 이 교재가 있으니 어휘 학습 고민은 해결되었습니다.
아이들에게 아침 자율 활동으로 할 것을 제안하였는데,
"선생님, 더 풀어도 되나요?"라는 모습을 보면,
아이들의 기초 학습 습관 형성에도 큰 도움이 되고 있다고 생각합니다.

ㄷ초등학교 안OO 선생님

## 어휘 공부의 힘을 느꼈습니다.

학습에 자신감이 없던 학생도 이미 배운 어휘가 수업에 나왔을 때 반가워합니다.
어휘를 먼저 학습하면서 흥미도가 높아지고
동기 부여가 되는 것을 보면서 어휘 공부의 힘을 느꼈습니다.

ㅂ학교 김OO 선생님

## 학생들 스스로 뿌듯해해요.

처음에는 어휘 학습을 따로 한다는 것 자체가 부담스러워했지만,
공부하는 내용에 대해 이해도가 높아지는 경험을 하면서
스스로 뿌듯해하는 모습을 볼 수 있었습니다.

ㅅ초등학교 손OO 선생님

## 앞으로도 활용할 계획입니다.

학생들에게 확인 문제의 수준이 너무 어렵지 않으면서도
교과서에 나오는 낱말의 뜻을 확실하게 배울 수 있었고,
주요 학습 내용과 관련 있는 낱말의 뜻과 용례를
정확하게 공부할 수 있어서 효과적이었습니다.

ㅅ초등학교 지OO 선생님

## 학교 선생님들이 확인한 어휘가 문해력이다의 학습 효과! 직접 경험해 보세요

학기별 교과서 어휘 완전 학습
**<어휘가 문해력이다>**
—— 예비 초등 ~ 중학 3학년 ——

EBS 초등

Q | https://on.ebs.co.kr

★ ★ ★ ★ ★
초등 공부의 모든 것
EBS 초등ON

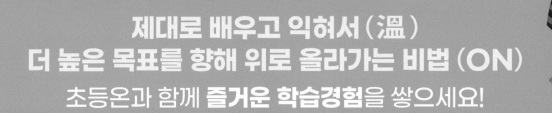

제대로 배우고 익혀서 (溫)
더 높은 목표를 향해 위로 올라가는 비법 (ON)
초등온과 함께 **즐거운 학습경험**을 쌓으세요!

EBS 초등ON

조금 어려운 내용에 **도전해보고 싶어요.**

**아직 기초가 부족해서** 차근차근 공부하고 싶어요.

**영어의 모든 것!** 체계적인 영어공부를 원해요.

조금 어려운 내용에 **도전해보고 싶어요.**

## 학습 고민이 있나요?
초등온에는 친구들의 **고민에 맞는 다양한 강좌**가 준비되어 있답니다.

**학교 진도에 맞춰** 공부하고 싶어요.

## 초등 ON 이란?

EBS가 직접 제작하고 분야별 전문 교육업체가 개발한 다양한 콘텐츠를 바탕으로,

### 대표강좌

초등 목표달성을 위한 <**초등온**>**서비스**를 제공합니다.

# BOOK 3

# 풀이책

BOOK 3 풀이책으로
틀린 문제의 풀이도 확인해 보세요!

예습, 복습, 숙제까지 해결되는

교과서 완전 학습서

만점왕

BOOK 3
풀이책

수학 2-1

# 당신의 문해력

# 평생을 살아가는 힘,
# **문해력**을 키워 주세요!

## 문해력을 가장 잘 아는 EBS가 만든 문해력 시리즈

예비 초등 ~ 중학

### 문해력을 이루는 핵심 분야별/학습 단계별 교재

▼

| 어휘 | 쓰기 | ERI 독해 | 배경지식 | 디지털독해 |

# 우리 아이의 **문해력 수준은?**

더욱 효과적인 문해력 학습을 위한
### EBS 문해력 진단 테스트

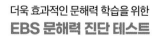 

https://primary.ebs.co.kr/course/literacy

간단하게 문해력 수준을 확인하고
권장 단계에 맞추어 체계적 학습을 시작하세요!

NEW

등급으로 확인하는
문해력 수준

# 문해력
## 등급 평가

초1 - 중1

# 만점왕

BOOK 3 풀이책

## 수학 2-1

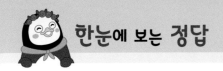
# BOOK 1 개념책

## 1 세 자리 수

### 문제를 풀며 이해해요
9쪽

1 (1) 1 (2) 10
2 (1) 예 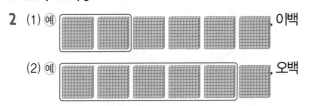, 이백
　 (2) 예 , 오백

### 교과서 문제 해결하기
10~11쪽

01 30, 100
02 4개
03 (1) ○ (2) × (3) ×
04
05 2
06 600
07 (1) 구백 (2) 삼백 (3) 700
08 800개
09 100이 6개, 육백에 ○표
10 500원

11 예 연필 10자루 묶음을 30개 삽니다.

### 문제를 풀며 이해해요
13쪽

1 3, 4, 7 / 347, 삼백사십칠
2 (1) 백, 200 (2) 십, 40 (3) 일, 3 (4) 200, 3

### 교과서 문제 해결하기
14~15쪽

01 3, 300
02 2, 20
03 320, 삼백이십
04 구백팔십구
05 501
06 745, 칠백사십오
07 900, 60, 3
08 700
09 7
10 예 □□□□ ♡♡♡ △△△△△△△

11 (1) 118 (2) 402

### 문제를 풀며 이해해요
17쪽

1 (1) 300, 400, 500
　 (2) 530, 540, 550, 560
　 (3) 564, 565, 566, 567
2 440, 540, 640
3 528, 548
4 863, 866

### 교과서 문제 해결하기
18~19쪽

01 405, 605, 805
02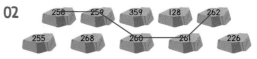
03 10
04 1000
05 382, 582, 682
06 961, 951, 931
07 2개
08 (위에서부터) 978, 979 / 988, 990 / 999, 1000
09 ④
10 855

11 4번

### 문제를 풀며 이해해요
21쪽

1 > 　 2 5, 6, < 　 3 (1) >, > (2) <, <

### 교과서 문제 해결하기
22~23쪽

01 (1) < (2) >
02 (　　) (○) (○)
03 (1) 835에 △표 (2) 108에 △표
04 918 < 922
05 승욱
06 분홍색 저금통
07 638에 ○표
08 352
09 945, 954
10 1, 3에 ○표

11 오늘

**01** 10

**02** ⑩

**03** 500, 오백

**04** 600권

**05** 바나나

**06** 295

**01** 453이 쓰인 버스에 ○표

**08** ⑩

**09** 834, 팔백삼십사

**10** 500, 80, 7

**11** (1) 200    (2) 8

**12** ⓒ

**13** 782, 783, 784

**14** ④

**15** (위에서부터) 509, 419 / 609, 519, 429

**16** ④

**17** (1) <    (2) >

**18** 408, 409

**19** ⊙

**20** (1) 400, 435       (2) 430
    (3) 435, 430, 검은 / 검은색

---

# 2 여러 가지 도형

**1** (1) 삼각형    (2) 사각형

**2** (위에서부터) 꼭짓점, 변

**01** ( ○ ) (    ) (    )

**02** (1) ○    (2) ×

**03** 사각형          **04** ②

**05** ⓒ, ⓔ, ⓗ        **06** 7

**07** ⑩
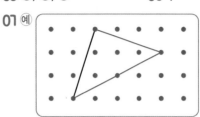

**08** ⑩ 교과서, 모니터

**09** ①, ②            **10** 3개

**11**

**1** 원             **2** 굽은, 크기, 모양에 ○표

**3** (1) ①, ②, ③, ⑤, ⑦ / ④, ⑥    (2) 5, 2

**01** 원             **02** ④

**03** (1) ×    (2) ○     **04** ②, ③

**05** 5개            **06** 13

**01** 2개

**08** ⑩

**09** 3

**10** ⑩
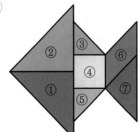

# 한눈에 보는 정답

실생활 활용 문제

**11** 예

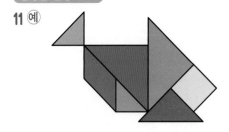

헬리콥터,
내가 어른이 되면 자동차 대신에 헬리콥터를 타고 회사
에 출근할 것 같아요.

### 문제를 풀며 이해해요 39쪽

**1** (1) **3**개 　　(2) **4**개

**2** (1) 왼쪽, 뒤 　　(2) 오른쪽, 앞
　(3) 왼쪽, 위

### 교과서 문제 해결하기 40~41쪽

**01** ④

**02 5**개

**03 6**개

**04**

오른쪽
앞

**05**

오른쪽
앞

**06** 2, 1, 앞, 1

**07** 3, 뒤, 1

**08 3**개

**09** ( 　　) ( ○ ) ( 　　) ( ○ ) ( ○ )

**10 9**개

### 실생활 활용 문제

**11** 예 쌓기나무 **3**개를 옆으로 나란히 놓고, 가장 왼쪽
쌓기나무 위에 쌓기나무를 **1**개 놓고, 가운데 쌓기나무
앞에 쌓기나무를 **1**개 놓습니다.

### 단원평가로 완성하기 42~45쪽

**01** ( 　　) ( ○ ) ( 　　)

**02** 삼각형 　　**03** 삼각형, 4 　　**04** 2개 / 2개

**05** (위에서부터) 꼭짓점, 변

**06** 사각형 　　**07** 4, 4

**08** 예
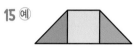

**09 7**

**10 13**개

**11** 원

**12** ④

**13** ②

**14** ④

**15** 예　　　　　　**16** 예
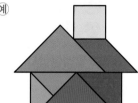

**17** ②

**18** ㉢

**19** 3, 옆, 오른쪽, 위, 2

**20** ④

## 3 덧셈과 뺄셈

### 문제를 풀며 이해해요 49쪽

**1** (1) **4** (2) **54** 　　　**2** (왼쪽에서부터) 1, 1 / 1, 2, 1

### 교과서 문제 해결하기 50~51쪽

**01 33**

**02** ○○○○○ 　○○○○○ 　△
　　○○○○○ 　△△△△△ 　　　, 21

**03** 23, 73

**04** 61, 62, 63 / 63

**05 53** 　　**06 73** 　　**07** 16+19에 ○표

**08 44**개 　　**09**
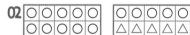
　　7 5
＋1 6
　　9 1
　　**10** 7, 35(또는 35, 7)

 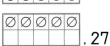

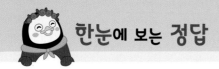

## 한눈에 보는 정답

### 교과서 문제 해결하기     70~71쪽

01 39, 64     02 64, 64, 39

03 10, 12     04 12, 10, 22

05 45 / 17, 45     06 32, 90 / 32, 58, 90

07 (    )( ○ )     08 36, 36

09 93, 16

10 47, 36, 83 (또는 36, 47, 83) /
     83, 47, 36 (또는 83, 36, 47)

**실생활 활용 문제**

11 (1) 24, 17, 41(또는 17, 24, 41)
    (2) 41, 24, 17(또는 41, 17, 24)

### 문제를 풀며 이해해요     73쪽

1 (1) ○○○○○ / 5

  (2) ○○○○○○○○ / 14
      ○○○○○○

2 (1) 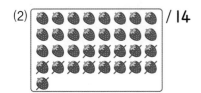 / 6

  (2) / 14

### 교과서 문제 해결하기     74~75쪽

01 23+□=30에 ○표

02 16−□=5에 ○표

03 11+□=18

04 26+□=45 / 19

05 □−13=19 / 32     06 12

07 83

08 57+□=85 / 28

09 50−□=31 / 19개     10 78

**실생활 활용 문제**

11 (1) 33−□=7  (2) 26개

### 단원평가로 완성하기     76~79쪽

01 31     02 70, 71, 72, 73 / 73

03 , 37

04 (위에서부터) 61, 27, 42, 46

05 55

06 (도형)

07 10, 7 / 10, 7, 20, 7, 13

08 ㉢     09 >     10 24개

11 (계산 순서대로) 52, 52, 27     12 12

13 ㉠, ㉢, ㉡

14 82, 28 / 82, 54

15 (선 잇기)

16 (도형) , 17

17 ㉠

18 78+□=93 / 15

19 (1) 32−□=15 (2) 17 (3) 17 / 17개

20 (위에서부터) 3, 2, 8

## 4    길이 재기

### 문제를 풀며 이해해요     83쪽

1 경수            2 (1) 3 (2) 6

01 가    02 대영    03 풀

04 6, 3    05 연필

06 적습니다에 ○표    07 8, 5

08 ㉡    09 ②    10 지민

**실생활 활용 문제**

11 5

**문제를 풀며 이해해요**    87쪽

1 (1) 3 / **3 cm** / 3 센티미터

(2) 4 / **4 cm** / 4 센티미터

2 (1) 6 cm  (2) 9 cm

01 1 cm, 1 센티미터

02 예

03 (1) 10  (2) 7

04 예

05 8 cm    06 3 cm    07 8 cm

08 ㉢    09 1 cm    10 6 cm

**실생활 활용 문제**

11 2 cm

**문제를 풀며 이해해요**    91쪽

1 (1) 6, 7, 6, 6  (2) 9, 10, 10, 10   2 예 11, 11

01 3, 4    02 ㉠, ㉣    03 7 cm

04 6 cm    05 짧습니다에 ○표

06 3 cm    07 예 9 cm, 9 cm

08 6 cm    09 50 cm    10 나연

**실생활 활용 문제**

11 ㉠

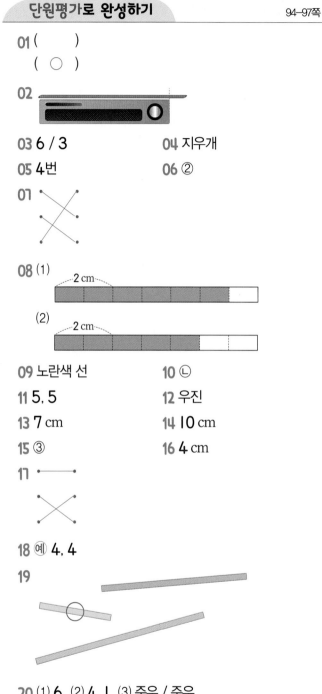

01 (    )
( ○ )

02

03 6 / 3    04 지우개

05 4번    06 ②

07

08 (1)
2 cm

(2)
2 cm

09 노란색 선    10 ㉡

11 5, 5    12 우진

13 7 cm    14 10 cm

15 ③    16 4 cm

17

18 예 4, 4

19

20 (1) 6  (2) 4, 1  (3) 준우 / 준우

# 5 분류하기

**문제를 풀며 이해해요**    101쪽

1 ㉠      2 ㉡, ㉢, ㉣, ㉤, ㉥ / ㉠, ㉣, ㉦, ㉧, ㉨

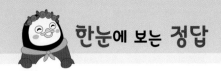 

## 교과서 문제 해결하기     102~103쪽

**01** 색깔

**02** 예 지우개가 달린 연필과 지우개가 달리지 않은 연필로 분류합니다.

**03** 예 분류 기준이 분명하지 않습니다.
예 아이스크림 맛

**04** 색깔 / 보라색, 빨간색, 노란색

**05** ㉢

**06** 예 모양 / 색깔

**07** ④

### 실생활 활용 문제

**08** (1) 과일과 고기

(2)

| 종류 | 과일 | 고기 |
|---|---|---|
| 음식 이름 | 사과, 복숭아, 감 | 닭고기, 돼지고기, 소고기 |

### 문제를 풀며 이해해요     105쪽

**1** (1)

| 곤충 | 장수 풍뎅이 | 사슴 벌레 | 매미 | 나비 |
|---|---|---|---|---|
| 세면서 표시하기 | ///// | ///// // | // | //// |
| 학생 수(명) | 5 | 7 | 2 | 4 |

(2) 사슴벌레   (3) 매미   (4) 사슴벌레

### 교과서 문제 해결하기     106~107쪽

**01** 17, 13

**02** 혁수네 모둠

**03** 6, 4, 4

**04** 5, 6, 3

**05** 3개        **06** 15, 8, 7

**07** 맑은 날에 ○표, 15, 비 온 날에 ○표, 7

### 실생활 활용 문제

**08** (1) 그릇의 크기

(2) 2개

## 단원평가로 완성하기     108~109쪽

**01** (   )
    (   )
    ( ○ )

**02** 같은, 알맞지 않습니다에 ○표

**03** ㉢

**04** 예 상의와 하의로 분류할 수 있습니다.

**05** 예 동전과 지폐로 분류할 수 있습니다.

**06** ㉡, ㉣, ㉤ / ㉢, ㉥, ㉧ / ㉠, ㉨

**07** ㉡, ㉥, ㉨ / ㉤, ㉧ / ㉠, ㉢, ㉣

**08** 예 자음과 모음 / 풀이 참조

**09** ㉠, ㉣, ㉨ / ㉡, ㉢, ㉧ / ㉤, ㉥, ㉦

**10** 과일        **11** 풀이 참조, 6, 5, 4

**12** 풀이 참조, 7, 3, 5     **13** 풀이 참조, 4, 5, 6

**14** 12, 8, 8        **15** 10, 10, 8

**16** 예 종류    **17** 풀이 참조    **18** 포도, 사과

**19**

| 배구공 | 농구공 | 축구공 |
|---|---|---|
| 15 | 10 | 5 |

**20** (1) 축구공, 5   (2) 배구공, 15   (3) 축구공, 10 / 축구공, 10개

## 6 곱셈

### 문제를 풀며 이해해요     115쪽

**1** (1) 5   (2) 9, 12, 15   (3) 15

**2** (1) 4   (2) 12, 18, 24   (3) 24

### 교과서 문제 해결하기     116~117쪽

**01** 6, 8, 10, 12   **02** 4       **03** 12개

**04** 10, 12, 14   **05** 15, 20   **06** ⑤

**07** 9, 12, 15, 18      **08** 12, 18

**09** 18개            **10**

### 실생활 활용 문제

**11** (1) 5묶음   (2) 4묶음

## 문제를 풀며 이해해요 119쪽

1 (1) 6 (2) 3 (3) 6 (4) 3

## 교과서 문제 해결하기 120~121쪽

01 6  02 4  03 3

04 5배  05 2, 7  06 6, 3

07 5, 4, 5  08 4, 7, 4  09 ④

10 3배

### 실생활 활용 문제

11 (1) 5개 (2) 10개

## 문제를 풀며 이해해요 123쪽

1 (1) 6 (2) 6 (3) 24 (4) 6, 24

2 (1) 4 (2) 4 (3) 24 (4) 4, 24

## 교과서 문제 해결하기 124~125쪽

01 6, 6, 18 / 3, 18  02 12 / 4, 12

03 4+4+4=12 / 4×3=12

04 (1) 3, 7, 21 (2) 6, 9, 54

05 ③  06 5×7=35

07 ㉡, ㉢  08 ㉣

09 ④  10 15개

### 실생활 활용 문제

11 8+8+8+8+8=40 / 8×5=40

## 문제를 풀며 이해해요 127쪽

1 (1) 2, 2 (2) 16 (3) 2, 16 (4) 8, 16 / 4, 16

2 (1) 4, 4 (2) 24 (3) 4, 24
   (4) 6, 24 / 8, 24 / 3, 24

## 교과서 문제 해결하기 128~129쪽

01 4×3=12, 4×4=16

02 5, 4, 20

03 (왼쪽에서부터) 6, 24 / 3, 24 / 8, 24

04 ㉣  05 6×3=18

06 3×7=21  07 4×8=32

08 9살  09 54개  10 7, 8, 9

### 실생활 활용 문제

11 8×3=24

## 단원평가로 완성하기 130-133쪽

01 12, 16  02 5배

03 7, 9  04 5배

05 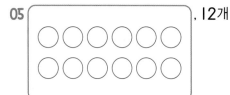 , 12개

06 5, 5 / 5, 5, 5, 5, 5, 25

07 4, 4 / 3, 3, 3, 3, 12

08 3, 27 / 3, 27 / 9, 9, 9, 27 / 9, 3, 27

09 4 / 4, 20  10 7×3=21

11 8, 8, 24 / 3, 24  12 7, 5, 35

13 예 7, 4, 28 / 4, 7, 28

14 6×8=48  15 ③

16  17 8+8+8+8=32
       / 8×4=32

18 3×7=21 / 21개  19 24개

20 (1) 24 (2) 28 (3) 52 / 52개

# BOOK 2 실전책

## 1단원 핵심+문제 복습 ▶▶▶ 4~5쪽

01 10  02 700, 칠백

03 467  04 (1) 595 (2) 409

05 5, 4, 7  06 860에 색칠

07 441, 541, 641  08 1000, 천

09 (1) < (2) >  10 142

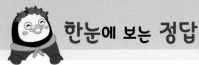

# 한눈에 보는 정답

01 100

02 (예)

03

04 840원     05 유정

06 285, 이백팔십오

07 풀이 참조, 300

08 600, 20, 9     09 ③

10 900, 20, 8     11 100

12 (시계 반대 방향으로) 285, 385, 485, 585, 595, 695, 795

13 572     14 동화책

15 풀이 참조, 199개

01 96, 100

02 10, 10, 1

03 600, 육백

04 풀이 참조, 8개

05 (예) (100) (100) (1) (1) (1)

06 497장

07 583

08 (1) 70  (2) 800

09 954

10 (1) 100  (2) 4

11 641, 621, 611

12 586, 595, 685

13 671에 ○표

14 풀이 참조, 5개

15 985, 589

01 다, 바     02 가, 라

03 나     04 ㉢

05

06 ③, ⑤     07 3개

08 (예)     09 ㉣
10 3, 2

01 3개, 3개     02 (  ) ( ○ ) (  )

03 원     04 4개     05 1, 3, 2

06 풀이 참조     07 (  ) (  ) ( ○ )

08 ⑤     09 ①, ②, ③, ⑤, ⑦

10 (예)     11 6개

12 (  ) ( ○ ) (  )

13 (  ) (  ) ( ○ )

14 풀이 참조     15 7개

01 (위에서부터) 3, 4 / 3, 4

02 삼각형, 사각형

03     04 7

05 풀이 참조

06 ㉢, ㉣

07 3개

08 ①, ④, ⑤     09 7개

10 5개

11 (예)     12 지원

13 ㉠

14 3, 오른쪽, 앞, 1

15 풀이 참조, 2개

## 3단원 핵심+문제 복습 ▶▶▶    16~17쪽

**01** (1) 34 (2) 52    **02** 84

**03** (위에서부터) 121, 114

**04** (1) 14 (2) 46

**05** 28    **06** 35

**07** (계산 순서대로) 34, 9, 9

**08** (1) 77 (2) 63

**09** $91-52=39$, $91-39=52$

**10** 25

### 학교 시험 만점왕 1회    3. 덧셈과 뺄셈
18~19쪽

**01** 21    **02** (1) 31 (2) 92

**03** <    **04** 29

**05** ㉡    **06** 15개

**07** 풀이 참조, 32

**08** (계산 순서대로) 37, 37, 62, 62

**09** 50    **10** 36자루

**11** $76-28=48$, $76-48=28$

**12** 52, 17

**13** $35+17=52$, $17+35=52$

**14** 54    **15** 풀이 참조, 77

### 학교 시험 만점왕 2회    3. 덧셈과 뺄셈
20~21쪽

**01** (    ) ( ○ )    **02** 91

**03** ㉡, ㉠, ㉢    **04** 28

**05** (위에서부터) 27, 19, 13, 5

**06** 83-17에 ○표

**07** (계산 순서대로) 45, 71, 71

**08**    **09** 풀이 참조, 32

**10** $38+39=77$, $39+38=77$

**11** 44 / 44, 18 / 44, 26, 18

**12** 35, 35    **13** $20-\square=9$

**14** ㉡    **15** 풀이 참조, 28

## 4단원 핵심+문제 복습 ▶▶▶    22~23쪽

**01** 나    **02** 6번

**03** 준우    **04** ㉡

**05**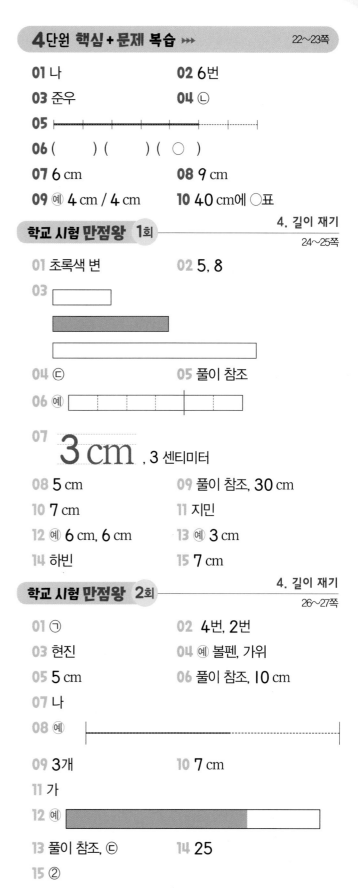

**06** (    ) (    ) ( ○ )

**07** 6 cm    **08** 9 cm

**09** 예 4 cm / 4 cm    **10** 40 cm에 ○표

### 학교 시험 만점왕 1회    4. 길이 재기
24~25쪽

**01** 초록색 변    **02** 5, 8

**03**

**04** ㉢    **05** 풀이 참조

**06** 예

**07** 3 cm , 3 센티미터

**08** 5 cm    **09** 풀이 참조, 30 cm

**10** 7 cm    **11** 지민

**12** 예 6 cm, 6 cm    **13** 예 3 cm

**14** 하빈    **15** 7 cm

### 학교 시험 만점왕 2회    4. 길이 재기
26~27쪽

**01** ㉠    **02** 4번, 2번

**03** 현진    **04** 예 볼펜, 가위

**05** 5 cm    **06** 풀이 참조, 10 cm

**07** 나

**08** 예

**09** 3개    **10** 7 cm

**11** 가

**12** 예

**13** 풀이 참조, ㉢    **14** 25

**15** ②

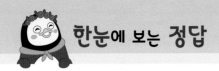

## 한눈에 보는 정답

### 5단원 핵심 + 문제 복습 ▶▶▶  28~29쪽

**01** ㉡, ㉢

**02** ㉠, ㉢, ㉣, ㉤, ㉥ / ㉡, ㉦, ㉧

**03**

| 모양 |  |  |
|---|---|---|
| 세면서 표시하기 | ///// | ///// // |
| 그림 수(개) | 5 | 7 |

**04** 4, 6, 2          **05** 3, 4, 5

**06** 김밥

### 학교 시험 만점왕 1회 ─── 5. 분류하기
30~31쪽

**01** ( × )
   (   )
   (   )

**02** 풀이 참조

**03** 색깔

**04** ㉠, ㉤, ㉥ / ㉣, ㉧, ㉨, ㉩ / ㉡, ㉢, ㉪

**05** ㉠, ㉣, ㉪ / ㉢, ㉥, ㉧ / ㉡, ㉥, ㉨, ㉩

**06** ㉠, ㉧ / ㉡, ㉢, ㉥, ㉧, ㉩ / ㉣, ㉥

**07** 5, 5          **08** 4, 6

**09** 3, 7, 2          **10** 짬뽕

**11** 3, 4, 8          **12** 6장

**13** 풀이 참조, 축구

### 학교 시험 만점왕 2회 ─── 5. 분류하기
32~33쪽

**01**          **02** ㉣

**03** ㉮ 아이스크림 모양에 따라 분류할 수 있습니다.

**04** 독수리, 참새 / 코끼리, 말, 사자, 기린, 사슴 / 상어, 돌고래

**05** ㉠, ㉡, ㉣, ㉥ / ㉢, ㉧ / ㉩, ㉥

**06** 하늘          **07** 3, 5, 4

**08** 2, 6, 4          **09** 2장

**10** 풀이 참조, 역사책, 3권

**11** 15, 3, 8

**12** 풀이 참조, 농구공, 배구공

**13** 겨울 / 5

### 6단원 핵심 + 문제 복습 ▶▶▶  34~35쪽

**01** 12, 12          **02** 6, 8, 10, 12, 12

**03** 12          **04** 16, 24, 32, 40

**05** 40개          **06** 6

**07** 6, 24          **08** 24

**09** 6+6+6+6+6=30

**10** 4×5=20

### 학교 시험 만점왕 1회 ─── 6. 곱셈
36~37쪽

**01** 6, 8, 10          **02** 10통

**03** 8, 12, 16          **04** 4, 4, 4, 16

**05** 6, 3          **06** 5, 3, 5

**07** 9, 9, 9 / 9, 3          **08** 2×3 / 2×4

**09** 6, 48          **10** 풀이 참조, 13

**11** ㉠, ㉢          **12** ㉡

**13** 12개

**14** 3, 12 / 6, 12 / 2, 12

**15** 풀이 참조, 72개

### 학교 시험 만점왕 2회 ─── 6. 곱셈
38~39쪽

**01** 16

**02** 6, 8, 10, 12, 14, 16, 16

**03** 12, 15, 18          **04** 6 / 18개

**05** 6, 3, 6, 3          **06** 4 / 20송이

**07** 6, 6, 6, 6, 24 / 6, 4, 24

**08** 3, 12          **09** 3, 5

**10** 8+8+8=24          **11**

**12** ㉡          **13** 풀이 참조, 5배

**14** 18명          **15** 풀이 참조 , 43세

# **1** 세 자리 수

## 문제를 풀며 이해해요
9쪽

**1** (1) I  (2) 10

**2** (1) 예  , 이백

(2) 예 , 오백

## 교과서 문제 **해결하기**
10~11쪽

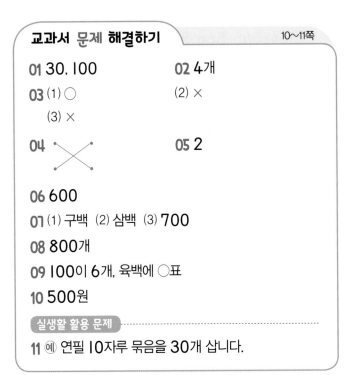

**01** 30, 100      **02** 4개

**03** (1) ○      (2) ×

    (3) ×

**04** ✕      **05** 2

**06** 600

**07** (1) 구백  (2) 삼백  (3) 700

**08** 800개

**09** 100이 6개, 육백에 ○표

**10** 500원

### 실생활 활용 문제

**11** 예 연필 I0자루 묶음을 30개 삽니다.

**01** 20보다 I0만큼 더 큰 수는 30입니다.
90보다 I0만큼 더 큰 수는 100입니다.

**02** 십 모형이 6개이면 60입니다.
100은 60보다 40만큼 더 큰 수입니다.
100을 만들려면 더 필요한 십 모형은 4개입니다.

**03** (2) 100은 백이라고 읽습니다.
(3) 70보다 20만큼 더 큰 수는 90입니다.
70보다 30만큼 더 큰 수가 100입니다.

**04** 10원짜리 동전이 I0개 있으면 100원이므로 10원짜리 동전이 I0개가 되도록 선을 이어 봅니다.

**05** 100은 98보다 2만큼 더 큰 수이므로 블록을 2개 더 쌓으면 100개가 됩니다.

**06** 백 모형이 6개이면 600입니다.

**07** (1) 900은 구백이라고 읽습니다.
(2) 300은 삼백이라고 읽습니다.
(3) 칠백은 700이라고 씁니다.

**08** 100이 8개이면 800입니다. 8봉지에 들어 있는 사탕은 모두 800개입니다.

**09** 100이 6개이면 600이라 쓰고 육백이라고 읽습니다.
오백은 500이라고 씁니다.
100이 7개인 수는 700입니다.

**10** 10원이 I0개면 100원이므로 10원이 50개이면 500원입니다.
우영이가 가진 돈은 500원입니다.

**11** 100은 I0이 I0개인 수이므로 300은 I0이 30개인 수입니다.
연필 300자루를 사려면 I0자루 묶음을 30개 삽니다.
100자루 묶음 I개와 I0자루 묶음 20개를 사거나 100자루 묶음 2개와 I0자루 묶음 I0개를 사는 방법도 있습니다.

## 문제를 풀며 이해해요

1  3, 4, 7 / 347, 삼백사십칠
2  (1) 백, 200          (2) 십, 40
    (3) 일, 3            (4) 200, 3

## 교과서 문제 해결하기

01  3, 300          02  2, 20
03  320, 삼백이십     04  구백팔십구
05  501            06  745, 칠백사십오
07  900, 60, 3      08  700
09  7
10  예 □□□□  ♡♡♡  △△△△△△△

### 실생활 활용 문제

11  (1) 118              (2) 402

---

01  100장 묶음이 3개이면 300장입니다.

02  10장 묶음이 2개이면 20장입니다.

03  100이 3개이고, 10이 2개이면 320이라 쓰고 삼백이십이라고 읽습니다.

04   9  8  9
    구백 팔십 구

05  오백 일
    5 0 1

06  100이 7개이면 700, 10이 4개이면 40, 1이 5개이면 5이므로 745이고, 칠백사십오라고 읽습니다.

07  963=900+60+3

08  745에서 7은 백의 자리 숫자이고 700을 나타냅니다.

09  617에서 7은 일의 자리 숫자이고 7을 나타냅니다.

---

10  보기 의 기호가 나타내는 수는 □이 100, ♡가 10, △이 1입니다.
    437은 100이 4개, 10이 3개, 1이 7개인 수이므로 □는 4개, ♡는 3개, △는 7개로 나타냅니다.

11  (1) 백의 자리 숫자가 100을 나타내는 수는 백의 자리 숫자가 1인 수 118입니다.
    (2) 118, 211, 918의 십의 자리 숫자는 1이고, 402에서 십의 자리 숫자는 0입니다.

## 문제를 풀며 이해해요

1  (1) 300, 400, 500
   (2) 530, 540, 550, 560
   (3) 564, 565, 566, 567
2  440, 540, 640          3  528, 548
4  863, 866

## 교과서 문제 해결하기

01  405, 605, 805
02
03  10                    04  1000
05  382, 582, 682         06  961, 951, 931
07  2개
08  (위에서부터) 978, 979 / 988, 990 / 999, 1000
09  ④                     10  855

### 실생활 활용 문제

11  4번

---

01  100씩 뛰어 세면 백의 자리 숫자가 1씩 커집니다.
    305-405-505-605-705-805

**02** I씩 뛰어 세면 일의 자리 숫자가 I씩 커집니다.

258－259－260－26I－262

**03** 653－663－673－683－693

십의 자리 숫자가 I씩 커지므로 I0씩 뛰어 세었습니다.

**04** 999보다 I만큼 더 큰 수는 I000입니다.

990보다 I0만큼 더 큰 수는 I000입니다.

**05** 보기 의 수는 백의 자리 숫자가 I씩 커지므로 I00씩 뛰어 세는 규칙입니다.

I00씩 뛰어 세면 백의 자리 숫자가 I씩 커집니다.

282－382－482－582－682－782

**06** I0씩 거꾸로 뛰어 세면 십의 자리 숫자가 I씩 작아집니다.

98I－97I－96I－95I－94I－93I

**07** I000은 I00이 I0개인 수이므로 I000원이 되려면 더 필요한 I00원짜리 동전은 2개입니다.

**08** I씩 뛰어 세어 빈칸에 알맞은 수를 써넣었습니다.

**09** ➡ 방향으로 수가 I씩 커집니다.

⬇ 방향으로 수가 I0씩 커집니다.

**10** 255에서 3번 뛰어 세었더니 300이 큰 555가 되었으므로 I00씩 뛰어 세는 규칙입니다.

255－355－455－555－655－755－855

㉠에 들어갈 수는 855입니다.

**11** I50－I60－I70－I80－I90

I50에서 I0씩 4번 뛰어 세면 I90이 되므로 이긴 경기는 4번입니다.

문제를 풀며 이해해요          2I쪽

**1** >

**2** 5, 6, <

**3** (1) >, > (2) <, <

교과서 문제 해결하기          22~23쪽

**01** (1) < (2) >

**02** (    ) ( ○ ) ( ○ )

**03** (1) 835에 △표 (2) I08에 △표

**04** 9I8 < 922

**05** 승욱          **06** 분홍색 저금통

**07** 638에 ○표          **08** 352

**09** 945, 954          **10** I, 3에 ○표

**실생활 활용 문제**

**11** 오늘

**01** (1) 2II < 38I

└2 < 3┘

(2) 679 > 670

└9 > 0┘

**02** 77I < 773

└I < 3┘

9I0 < 99I

└I < 9┘

35I > 320

└5 > 2┘

수의 크기를 바르게 비교한 것은 9I0 < 99I과 35I > 32I입니다.

**03** (1) 835 < 837

└5 < 7┘

➡ 더 작은 수는 835입니다.

⑵ 1**23**>1**08**
└ 2>0 ┘

➡ 더 작은 수는 **108**입니다.

**04** • **918**은 **922**보다 작습니다.
➡ **918**<**922**
• **329**는 **288**보다 큽니다.
➡ **329**>**288**

**05** 구백오십칠 ➡ **957**
**100**이 **9**개, **10**이 **6**개인 수 ➡ **960**
하윤이가 쓴 수는 **957**이고, 승욱이가 쓴 수는 **960**입니다.
**957**<**960**
└ 5<6 ┘
더 큰 수를 쓴 사람은 승욱이입니다.

**06** **100**원짜리 동전의 수를 먼저 비교하면 분홍색 저금통에는 **5**개, 노란색 저금통에는 **4**개 들어 있습니다.
더 많은 돈이 들어 있는 저금통은 분홍색 저금통입니다.

**07** 백의 자리 숫자의 크기를 먼저 비교하면 **632**와 **638**이 **509**보다 큽니다.
일의 자리 숫자의 크기를 비교하면 **638**이 **632**보다 더 큽니다.
가장 큰 수는 **638**입니다.

**08** **300**보다 크고 **500**보다 작은 수의 백의 자리 숫자는 **3** 또는 **4**이므로 **458**, **345**, **352**, **356**입니다.
십의 자리 숫자가 **50**을 나타내고 일의 자리 숫자가 **4**보다 작은 수는 **352**입니다.

**09** 수 카드의 수를 이용해 **800**보다 더 큰 세 자리 수를 만들려면 백의 자리에는 **9**를 놓아야 합니다.
주어진 수 카드로 만들 수 있는 **800**보다 큰 세 자리 수는 **945**, **954**입니다.

**10** 백의 자리 숫자가 같으므로 십의 자리 숫자의 크기가 **4**보다 작아야 합니다.
□ 안에 들어갈 수 있는 수는 **I**, **3**입니다.

**11** **125**<**132**이므로 준민이는 오늘 줄넘기를 더 많이 했습니다.

---

### 단원평가로 완성하기      24~27쪽

**01** **I0**

**02** 예

**03** **500**, 오백

**04** **600**권

**05** 바나나

**06** **295**

**07** **453**이 쓰인 버스에 ○표

**08** 예

(100)(100)(100)(100)(100)(100)(100)
(10)(10)(10)(10)(10)(10)(10)
(1)(1)(1)(1)(1)(1)(1)

**09** **834**, 팔백삼십사

**10** **500**, **80**, **7**

**11** ⑴ **200** ⑵ **8**      **12** ㉢

**13** **782**, **783**, **784**      **14** ④

**15** (위에서부터) **509**, **419** / **609**, **519**, **429**

**16** ④

**17** ⑴ <    ⑵ >

**18** **408**, **409**

**19** ㉠

**20** ⑴ **400**, **435**      ⑵ **430**
⑶ **435**, **430**, 검은 / 검은색

---

**01** **10**이 **10**개이면 **100**입니다.
**90**보다 **10**만큼 더 큰 수는 **100**입니다.

**02** 10원이 10개이면 100원이므로 10원짜리 동전을 10개 묶습니다.

**03** 100이 5개이면 500이라 쓰고, 오백이라고 읽습니다.

**04** 100이 6개이면 600이므로 6상자에 들어 있는 책은 600권입니다.

**05**

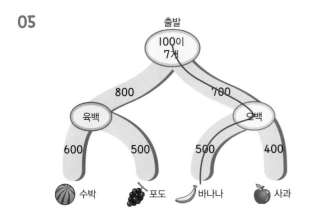

**06** 백 모형이 2개이면 200, 십 모형이 9개이면 90, 일 모형이 5개이면 5이므로 수 모형이 나타내는 수는 295입니다.

**07** <u>사백</u> <u>오십</u> <u>삼</u>
        4      5      3

**08** 324는 100이 3개, 10이 2개, 1이 4개인 수이므로 ⑩을 3개, ⑩을 2개, ①을 4개 색칠합니다.

**09** 100이 7개이면 700, 10이 13개이면 130, 1이 4개이면 4이므로 나타내는 수는 834입니다.
834는 팔백삼십사라고 읽습니다.

**10** 587에서 ⎡ 5는 500을 나타냅니다.
              ⎢ 8은 80을 나타냅니다.
              ⎣ 7은 7을 나타냅니다.

**11** (1) 242에서 밑줄 친 숫자는 백의 자리 숫자이므로 200을 나타냅니다.
(2) 458에서 밑줄 친 숫자는 일의 자리 숫자이므로 8을 나타냅니다.

**12** ㉠ 198의 8은 일의 자리 숫자이므로 8을 나타냅니다.
㉡ 800의 8은 백의 자리 숫자이므로 800을 나타냅니다.
㉢ 785의 8은 십의 자리 숫자이므로 80을 나타냅니다.

**13** 1씩 뛰어 세면 일의 자리 숫자가 1씩 커집니다.
780-781-782-783-784

**14** 백 모형이 5개이면 500, 십 모형이 8개이면 80, 일 모형이 1개이면 1이므로 수 모형이 나타내는 수는 581입니다.
100씩 뛰어 세면
581-681-781-881이므로 581에서 100씩 3번 뛰어 센 수는 ④ 881입니다.

**15** 589 ➡ 689 ➡ 789 ➡ 889
백의 자리 숫자가 1씩 커지므로 빨간색 화살표는 100씩 뛰어 세는 규칙입니다.
436 ➡ 446 ➡ 456 ➡ 466
십의 자리 숫자가 1씩 커지므로 파란색 화살표는 10씩 뛰어 세는 규칙입니다.

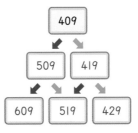

**16** 10씩 뛰어 세면 십의 자리 숫자가 1씩 커집니다.
253-263-273-283-293-303
254는 일의 자리 숫자가 1 커진 수이므로 253에서 10씩 뛰어 세었을 때 나올 수 없습니다.

**17** (1) 399 < 411
          └3<4┘
(2) 128 > 127
          └8>7┘

**18** $407-408-409-410$에서 $407$보다 크고 $410$보다 작은 수는 $408$, $409$입니다.

**19** ㉠ <u>오백</u> <u>사십</u> <u>칠</u>
      5    4    7

㉡ $100$이 $5$개이면 $500$, $10$이 $4$개이면 $40$, $1$이 $9$개이면 $9$이므로 $549$입니다.

㉢ $100$이 $5$개이면 $500$, $1$이 $48$개이면 $48$이므로 $548$입니다.

㉠ $547$, ㉡ $549$, ㉢ $548$은 백의 자리 숫자와 십의 자리 숫자가 같으므로 일의 자리 숫자가 가장 작은 ㉠이 가장 작은 수입니다.

**20**

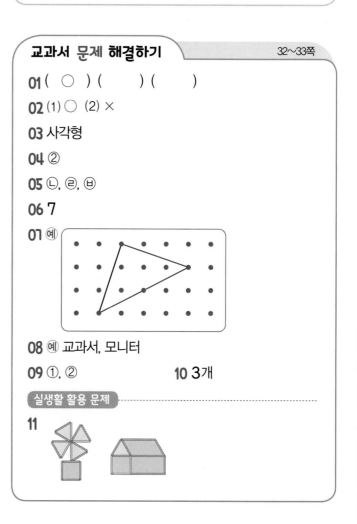

# 2    여러 가지 도형

**문제를 풀며 이해해요**        31쪽

**1** (1) 삼각형   (2) 사각형
**2** (위에서부터) 꼭짓점, 변

**교과서 문제 해결하기**        32~33쪽

**01** ( ○ ) (     ) (     )
**02** (1) ○   (2) ×
**03** 사각형
**04** ②
**05** ㉡, ㉣, ㉻
**06** 7
**07** 예

**08** 예 교과서, 모니터
**09** ①, ②              **10** 3개

**실생활 활용 문제**

**11**

**01** 곧은 선 $3$개로 둘러싸인 도형을 찾으면 첫번째 도형입니다.

**02** (1) 삼각형은 변이 $3$개입니다.
    (2) 삼각형에는 굽은 선이 없습니다.

**03** 변과 꼭지점이 $4$개이고, 곧은 선으로 둘러싸인 도형은 사각형입니다.

**04** 몰디브 국기에는 사각형이 $2$개 있습니다.

**05** 사각형은 변과 꼭짓점이 **4**개인 곧은 선으로 둘러 싸인 도형입니다.

　주어진 그림에서 사각형은 ⓛ, ㉣, ㉺입니다.

　㉠ 삼각형입니다.

　㉢ 끊어져 있으므로 사각형이 아닙니다.

　㉤ 굽은 선이 있으므로 사각형이 아닙니다.

**06** 삼각형의 변의 수는 **3**이고, 사각형의 꼭짓점의 수는 **4**입니다.

　➡ 3+4=7

**01** 곧은 선 **3**개로 둘러싸인 도형이 되도록 점들을 선으로 이어 삼각형을 그립니다.

**08** 주변에서 곧은 선 **4**개의 변으로 둘러싸인 모양의 물건을 찾아봅니다.

**09** 삼각형과 사각형의 같은 점은 변과 꼭짓점이 있고, 곧은 선으로 둘러싸여 있다는 것입니다.

**10** 색종이를 자르면 그림과 같습니다.

　만들어지는 삼각형은 **3**개입니다.

**11** 색깔 빨대 **3**개로 둘러싸인 도형에는 노란색을, 색깔 빨대 **4**개로 둘러싸인 도형에는 파란색을 칠합니다.

**1** 원

**2** 굽은, 크기, 모양에 ○표

**3** (1) ①, ②, ③, ⑤, ⑦ / ④, ⑥ (2) **5, 2**

---

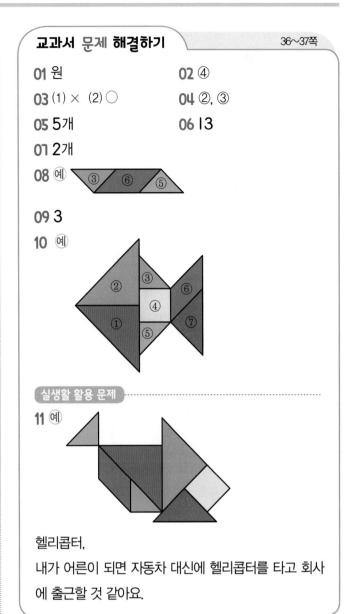

**01** 원　　　　　　**02** ④

**03** (1) ×　(2) ○　**04** ②, ③

**05** 5개　　　　　　**06** 13

**01** 2개

**08** 예)

**09** 3

**10** 예)

**실생활 활용 문제**

**11** 예)

헬리콥터,

내가 어른이 되면 자동차 대신에 헬리콥터를 타고 회사에 출근할 것 같아요.

**01** 주어진 물건에서 찾을 수 있는 도형은 원입니다.

**02** ④ 원은 그릴 수 없고 사각형을 그릴 수 있습니다.

**03** (1) 원에는 뾰족한 부분이 없습니다.

**04** 원이 있는 국기는 ② 브라질 국기와 ③ 태극기입니다.

**05** 원은 모두 **5**개입니다.

**06** 원은 ⑦, ⑥ 입니다.

　➡ 7+6=13

**01** 칠교판은 사각형 모양 조각이 **2**개, 삼각형 모양 조각이 **5**개 있습니다.

**08**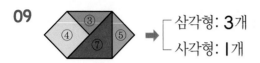

여러 가지 방법으로 만들 수 있습니다.

**09** 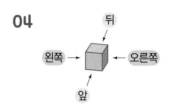 ➡ ┌ 삼각형: **3**개
└ 사각형: **1**개

**10** 모양 조각 중 가장 큰 ①과 ②의 위치를 먼저 정합니다.

**11** 칠교판의 **7**조각을 뒤집거나 돌려서 모양을 만듭니다.

---

**문제를 풀며 이해해요**      39쪽

**1** (1) **3**개   (2) **4**개
**2** (1) 왼쪽, 뒤   (2) 오른쪽, 앞   (3) 왼쪽, 위

---

**교과서 문제 해결하기**      40~41쪽

**01** ④          **02** 5개
**03** 6개
**04**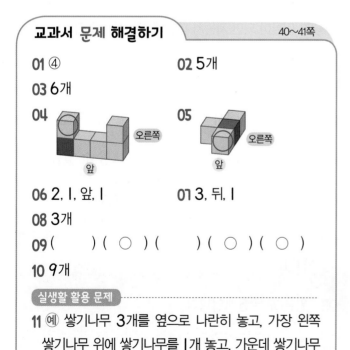
**06** 2, 1, 앞, 1       **07** 3, 뒤, 1
**08** 3개
**09** (    ) ( ○ ) (    ) ( ○ ) ( ○ )
**10** 9개

**실생활 활용 문제**

**11** 예 쌓기나무 **3**개를 옆으로 나란히 놓고, 가장 왼쪽 쌓기나무 위에 쌓기나무를 **1**개 놓고, 가운데 쌓기나무 앞에 쌓기나무를 **1**개 놓습니다.

---

**01** 쌓기나무 **4**개로 만들 수 있는 모양은 ①, ②, ③, ⑤입니다.
④와 같이 만들려면 쌓기나무가 **5**개 필요합니다.

**02** 똑같은 모양으로 쌓으려면 필요한 쌓기나무는 **5**개입니다.

**03** 똑같은 모양으로 쌓으려면 필요한 쌓기나무는 **6**개입니다.

**04**

**06** 쌓기나무로 쌓은 모양을 살펴보면 쌓기나무 **2**개를 옆으로 나란히 놓고, 왼쪽에 있는 쌓기나무 위에 쌓기나무를 **1**개 놓고, 오른쪽 쌓기나무 앞에 쌓기나무를 **1**개 놓았습니다.

**07** 쌓기나무로 쌓은 모양을 살펴보면 쌓기나무 **3**개를 옆으로 나란히 놓고, 가장 오른쪽 쌓기나무 앞과 뒤에 쌓기나무를 **1**개 놓았습니다.

**08** 왼쪽 모양은 쌓기나무 **2**개로 쌓은 모양입니다.
오른쪽 모양은 쌓기나무 **5**개로 쌓은 모양입니다.
왼쪽 모양을 오른쪽 모양과 똑같이 만들려면 쌓기나무가 **5**−**2**=**3**(개) 더 필요합니다.

**09** 쌓기나무 **4**개를 **1**층에 놓고 **2**층에 **1**개를 더 놓아 만든 쌓기나무 모양은

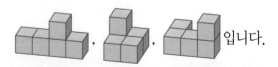 입니다.

**10** 가를 만들 때 필요한 쌓기나무의 수는 **4**개이고, 나를 만들 때 필요한 쌓기나무의 수는 **5**개입니다.
가와 나 모양을 모두 만들 때 필요한 쌓기나무는 **4**+**5**=**9**(개)입니다.

**11** 쌓기나무의 전체적인 모양, 쌓기나무의 수, 쌓기나무를 놓는 위치와 방향, 쌓기나무의 층수 등을 생각하여 설명합니다.

---

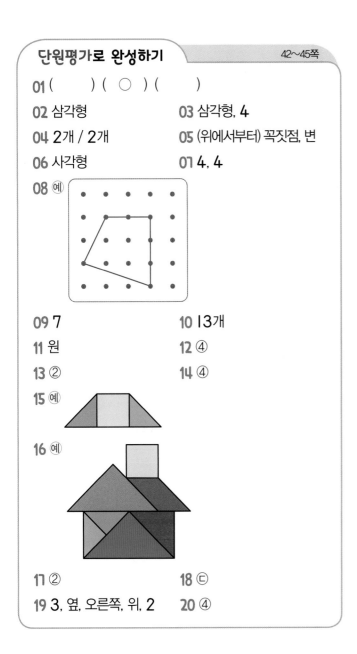

**단원평가로 완성하기**      42~45쪽

**01** (      ) ( ○ ) (      )

**02** 삼각형         **03** 삼각형, 4

**04** 2개 / 2개      **05** (위에서부터) 꼭짓점, 변

**06** 사각형         **07** 4, 4

**08** 예

**09** 7            **10** 13개

**11** 원            **12** ④

**13** ②            **14** ④

**15** 예

**16** 예

**17** ②            **18** ㉢

**19** 3, 옆, 오른쪽, 위, 2      **20** ④

---

**01**

➡ 원

➡ 삼각형

---

➡ 사각형

**02** 변과 꼭짓점이 각각 3개이고, 곧은 선으로 둘러싸여 있는 도형은 삼각형입니다.

**03** 점선을 따라 자르면 삼각형을 4개 만들 수 있습니다.

**04** 삼각형:

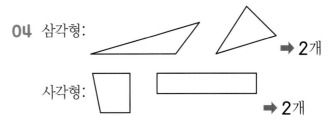

➡ 2개

사각형:

➡ 2개

**05** • 꼭짓점: 두 곧은 선이 만나는 점
     • 변: 곧은 선

**06** 점선을 따라 잘랐을 때 사각형이 4개 만들어집니다.

**07** 사각형은 변이 4개, 꼭짓점이 4개입니다.

**08** 점 4개를 선택하여 곧은 선 4개로 둘러싸인 도형이 되도록 점들을 선으로 잇습니다.

**09** 삼각형의 꼭짓점의 수는 3이고, 사각형의 변의 수는 4입니다.

➡ 3+4=7

**10** 가장 작은 삼각형 1개짜리 :  9개

가장 작은 삼각형 4개짜리 :  3개

가장 작은 삼각형 9개짜리 : 1개

➡ 9+3+1=13(개)

**11** 주어진 물건을 본떠서 그릴 수 있는 도형은 원입니다.

**12** 원은 뾰족한 부분이 없고 굽은 선으로 되어 있습니다.
원의 모양은 같지만 크기는 다릅니다.

**13** 주어진 그림에서 원은 모두 **6**개입니다.

**14** 칠교판에 있는 삼각형 조각은 **5**개입니다.

**15** 사각형을 가운데 놓고 삼각형을 양 옆에 놓습니다.

**16** 가장 큰 삼각형의 위치를 먼저 정합니다.

**17** **1**층에 쌓기나무 **3**개를 나란히 놓고, 가장 오른쪽 쌓기나무 위에 빨간색 쌓기나무 **1**개를 쌓은 모양은 ②입니다.

**18**

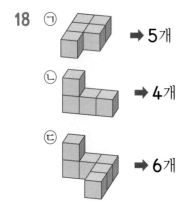

ㄱ ➡ **5**개

ㄴ ➡ **4**개

ㄷ ➡ **6**개

**19**

| 채점 기준 | |
|---|---|
| 상 | 쌓은 모양을 바르게 설명했습니다. |
| 중 | 쌓은 모양의 일부분만 설명했습니다. |
| 하 | 쌓은 모양을 설명하지 못했습니다. |

**20**

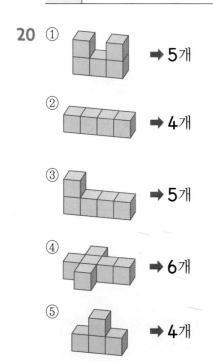

① ➡ **5**개

② ➡ **4**개

③ ➡ **5**개

④ ➡ **6**개

⑤ ➡ **4**개

쌓기나무의 수가 가장 많은 것은 ④입니다.

---

# 3 덧셈과 뺄셈

문제를 풀며 이해해요     49쪽

**1** (1) **4** (2) **54**
**2** (왼쪽에서부터) 1, 1 / 1, 2, 1

교과서 문제 **해결하기**     50~51쪽

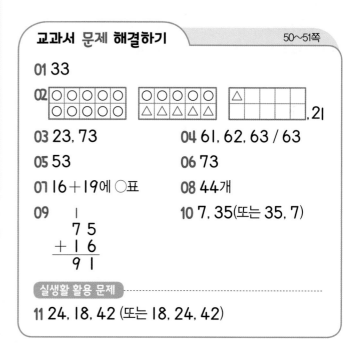

**01** 33

**02** (○○○○○ / ○○○○○) (○○○○○ / △△△△△) (△ □□□□) , **21**

**03** 23, 73     **04** 61, 62, 63 / 63

**05** 53     **06** 73

**07** 16+19에 ○표     **08** 44개

**09**
```
  1
  7 5
+ 1 6
-----
  9 1
```
    **10** 7, 35(또는 35, 7)

실생활 활용 문제

**11** 24, 18, 42 (또는 18, 24, 42)

---

**01** 일 모형 **6**개와 일 모형 **7**개를 더하면 일 모형 **13**개가 됩니다.
일 모형 **10**개를 십 모형 **1**개로 바꾸면 십 모형 **3**개, 일 모형 **3**개가 됩니다.
➡ 26+7=33

**02** △를 **6**개 이어서 그리면 15+6=21입니다.

**03** **26**에서 **3**을 옮겨 **47**을 **50**으로 만들 수 있습니다.
47+26=50+23=73

**04** 58+5=63

**05** 44+9=53

**06** $55+18=73$

**07** $18+27=45$
$16+19=35$
$36+9=45$
계산 결과가 다른 하나는 $16+19$입니다.

**08** (귤 수)$+$(사과 수)$=15+29=44$(개)

**09** 일의 자리에서 받아올림한 수를 십의 자리 계산에서 더하지 않았습니다.

**10** 두 수의 합이 $42$가 되는 수는 $7$과 $35$입니다.
$7+35=42$ 또는 $35+7=42$

**11** (색연필 수)$+$(사인펜 수)$=24+18=42$(자루)

---

**문제를 풀며 이해해요**  53쪽

**1** (1) $3$ (2) $139$
**2** $1, 3$ / $1, 1, 5, 3$ / $1, 1, 1, 5, 3$

---

**교과서 문제 해결하기**  54~55쪽

**01** $110, 7$ / $117$    **02** $91, 131$
**03** $127$    **04** $135$
**05** $100$    **06** $>$
**07** $83+45$에 ○표
**08** $3$    **09** $121$상자
**10** $13, 105$

**실생활 활용 문제**

**11** $74, 65, 139$

---

**01** 십 모형끼리 더하고, 일 모형끼리 더하여 $76+41$을 구합니다.
$70+40=110$
$6+1=7$
➡ $76+41=117$

**02** $95$에서 $4$를 옮겨 $36$을 $40$으로 만들 수 있습니다.
$36+95=40+91=131$

**03**
$$\begin{array}{r} 6\ 3 \\ +\quad 6\ 4 \\ \hline 1\ 2\ 7 \end{array}$$

**04**
$$\begin{array}{r} 7\ 6 \\ +\quad 5\ 9 \\ \hline 1\ 3\ 5 \end{array}$$

**05** □ 안의 수 $1$은 $60$과 $50$의 합인 $110$의 백의 자리 수이므로 실제로 나타내는 수는 $100$입니다.

**06** $78+53=131$, $35+93=128$
➡ $131>128$

**07** $48+71=119$입니다.
$63+54=117$
$83+45=128$
$24+91=115$
➡ □ 안에 들어갈 수 있는 덧셈식은
$83+45$입니다.

**08**
$$\begin{array}{r} \boxed{1} \\ 4\ 3 \\ +\quad 8\ 4 \\ \hline 1\ \boxed{2}\ 7 \end{array}$$
□ 안에 들어갈 수의 합은 $1+2=3$입니다.

**09** (초콜릿 상자 수)$+$(사탕 상자 수)
$=87+34=121$(상자)

**10** 수 카드 $2$장을 골라 만들 수 있는 가장 작은 두 자리 수는 $13$입니다.
➡ $92+13=105$

**11** ($1$학년 학생 수)$+$($2$학년 학생 수)
$=74+65=139$(명)
따라서 필요한 의자는 $139$개입니다.

### 문제를 풀며 이해해요

**1** (1) 10, 10, 2  (2) 4  (3) 42
**2** (왼쪽에서부터) 2, 10, 6 / 2, 10, 2, 6

### 교과서 문제 해결하기

**01** , 27

**02** 20, 7 / 7, 60, 7, 53

**03** 27

**04** 32

**05** 70

**06** <

**07** 18자루

**08**
$$\begin{array}{r} 5\ 5 \\ -\quad 7 \\ \hline 4\ 8 \end{array}$$

**09** 7, 8, 9

**10** 27

#### 실생활 활용 문제

**11** 50, 12, 38

---

**01** ○를 /로 8개 지우면 27개가 남습니다.

**02** 27을 20과 7로 가르기 하여 계산합니다.
$80-20-7=60-7=53$

**03** $34-7=27$

**04** $50-18=32$

**05** 7은 십의 자리 수 8에서 일의 자리로 받아내림하고 남은 수이므로 나타내는 수는 **70**입니다.

**06** $21-3=18$
$40-19=21$
➡ $18<21$

**07** (정아가 가지고 있던 연필 수)
　 ―(정아가 친구에게 준 연필 수)
　 $=30-12=18$(자루)

---

**08** 5에서 7을 뺄 수 없으므로 십의 자리에서 받아내림하여 계산해야 합니다.

**09** $50-15=35$
$41-1=40,\ 41-2=39,$
$41-3=38,\ 41-4=37,$
$41-5=36,\ 41-6=35,$
$41-7=34,\ 41-8=33,$
$41-9=32$
□ 안에 들어갈 수 있는 수는 **7, 8, 9**입니다.

**10** $44-8=36$이므로 ■=36입니다.
$50-41=9$이므로 ▲=9입니다.
➡ ■－▲=$36-9=27$

**11** (한 봉지에 있던 간식 수)
　 ―(강아지에게 준 간식 수)
　 $=50-12=38$(개)

### 문제를 풀며 이해해요

**1** (1) 10, 6  (2) 1  (3) 16
**2** (왼쪽에서부터) 3, 10, 8 / 3, 10, 2, 8

### 교과서 문제 해결하기

**01** 48

**02** 27

**03** 5

**04** 38

**05**

**06** 14

**07** 28세

**08** 1, 3, 2

**09** 47, 18

**10** 34, 29

#### 실생활 활용 문제

**11** 56, 28, 28

**01** 십 모형 |개를 일 모형 |0개로 바꾼 후 일 모형 |5개에서 7개를 뺍니다.
십 모형 6개에서 2개를 뺍니다.
십 모형 4개, 일 모형 8개가 남습니다.
➡ 75−27=48

**02**
```
   3 10
   4̸ 2
 − 1 5
   2 7
```

**03**
```
   1 10
   2̸ 4
 − 1 9
     5
```

**04**
```
   8 10
   9̸ 7
 − 5 9
   3 8
```

**05** 42−29=13
23−16=7
55−17=38

**06** 사각형 안에 있는 두 수는 52와 38입니다.
➡ 52−38=14

**07** (명섭이 할아버지의 나이)−(명섭이 아버지의 나이)
=71−43=28(세)

**08** 53−19=34
60−24=36
71−36=35
➡ 34<35<36

**09** 63−16=47
47−29=18

**10** 뺄셈의 결과가 가장 큰 수가 되려면 빼는 수가 가능한 작아야 합니다. 수 카드 2장으로 만들 수 있는 가장 작은 수는 34입니다.
➡ 63−34=29

**11** (|분 동안 호랑이의 심장이 뛰는 횟수)
−(|분 동안 말의 심장이 뛰는 횟수)
=56−28=28(회)

65쪽

**문제를 풀며 이해해요**

**1** (계산 순서대로) ⑴ 37, 53, 53  ⑵ 37, 37, 53
**2** (계산 순서대로) ⑴ 41, 72, 72  ⑵ 48, 19, 19

**교과서 문제 해결하기**  66~67쪽

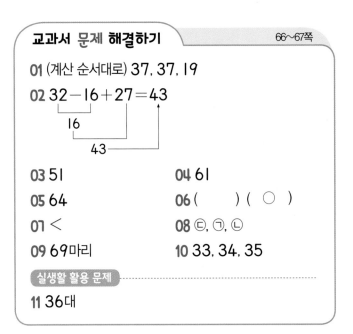

**01** (계산 순서대로) 37, 37, 19

**02** 32−16+27=43

**03** 51  **04** 61
**05** 64  **06** (    ) ( ○ )
**07** <  **08** ⓒ, ㉠, ㉡
**09** 69마리  **10** 33, 34, 35

**실생활 활용 문제**

**11** 36대

**01**
```
   4 10        2 10
   5̸ 4         3̸ 7
 − 1 7       − 1 8
   3 7         1 9
```

**02** 앞에서부터 순서대로 계산합니다.

**03** 82−43+12=39+12
=51

**04** 15+29+17=44+17
=61

**05** $35+56-27=91-27$
$\qquad\qquad\qquad =64$

**06** 세 수의 뺄셈은 앞에서부터 순서대로 계산합니다.
➡ $66-18-9=48-9$
$\qquad\qquad\qquad\quad =39$

**07** $73-19+28=54+28$
$\qquad\qquad\qquad\quad =82$
$56+16+22=72+22$
$\qquad\qquad\qquad\quad =94$
➡ $82<94$

**08** ㉠ $95-36-11=59-11$
$\qquad\qquad\qquad\qquad =48$
㉡ $23+19-7=42-7$
$\qquad\qquad\qquad\quad =35$
㉢ $66-17+3=49+3$
$\qquad\qquad\qquad\quad =52$
계산 결과가 가장 큰 것부터 순서대로 쓰면
㉢, ㉠, ㉡입니다.

**09** (동물원에 있는 토끼 수)
$\quad$ =(흰색 토끼 수)+(회색 토끼 수)
$\qquad\quad$ +(검은색 토끼 수)
$\quad$ =$25+17+27$
$\quad$ =$42+27=69$(마리)

**10** $35+15-18=50-18$
$\qquad\qquad\qquad\quad =32$
$60-16-8=44-8$
$\qquad\qquad\qquad =36$
☐ 안에 들어갈 수 있는 수는 **32**보다 크고 **36**보
다 작은 수인 **33, 34, 35**입니다.

**11** $28+13-5=41-5$
$\qquad\qquad\qquad =36$(대)

**1** 23, 16 / 16, 23     **2** 81, 25 / 81, 56
**3** 9, 21 / 12, 21     **4** 35, 62 / 27, 62

교과서 문제 해결하기     70~71쪽

**01** 39, 64
**02** 64, 64, 39
**03** 10, 12
**04** 12, 10, 22
**05** 45 / 17, 45
**06** 32, 90 / 32, 58, 90
**07** (     )( ◯ )
**08** 36, 36          **09** 93, 16
**10** 47, 36, 83 (또는 36, 47, 83) /
     83, 47, 36 (또는 83, 36, 47)

실생활 활용 문제

**11** ⑴ 24, 17, 41(또는 17, 24, 41)
     ⑵ 41, 24, 17(또는 41, 17, 24)

**01** (빨간 구슬 수)+(파란 구슬 수)=(전체 구슬 수)

**02**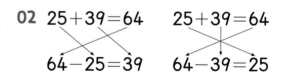

**03** (처음 가지고 있던 사탕 수)
$\quad$ −(친구에게 준 사탕 수)
$\quad$ =(남은 사탕 수)

**04**
$22-10=12 \qquad\qquad 22-10=12$
$12+10=22 \qquad\qquad 10+12=22$

**05**
$45+17=62 \qquad\qquad 45+17=62$
$62-45=17 \qquad\qquad 62-17=45$

**06** 
$$90-32=58 \quad\quad 90-32=58$$
$$58+32=90 \quad\quad 32+58=90$$

**07** 
$$39+16=55 \quad\quad 39+16=55$$
$$55-39=16 \quad\quad 55-16=39$$

**08** $82-46=36$
➡ $46+36=82$

**09** $77+16=93$
➡ $93-16=77$

**10** 덧셈식 $47+36=83$(또는 $36+47=83$)

빼셈식 $83-47=36$(또는 $83-36=47$)

**11** (1) (전체 색종이의 수)
$=$(꽃무늬 색종이의 수)$+$(단색 색종이의 수)
$=24+17=41$(장)

(2) 
$$24+17=41 \quad\quad 24+17=41$$
$$41-24=17 \quad\quad 41-17=24$$

73쪽

**문제를 풀며 이해해요**

**1** (1) ○○○○○ / 5

(2) ○○○○○○○○○ / 14
○○○○○

**2** (1) ☆☆☆☆☆ / 6
☆☆☆☆☆
☆☆☆☆☆

(2) 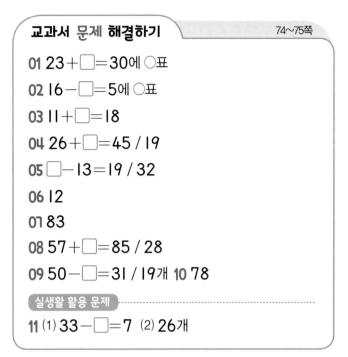 / 14

---

**교과서 문제 해결하기** 74~75쪽

**01** $23+\square=30$에 ○표

**02** $16-\square=5$에 ○표

**03** $11+\square=18$

**04** $26+\square=45$ / 19

**05** $\square-13=19$ / 32

**06** 12

**07** 83

**08** $57+\square=85$ / 28

**09** $50-\square=31$ / 19개 **10** 78

**실생활 활용 문제**

**11** (1) $33-\square=7$ (2) 26개

---

**03** 바나나 11개에 몇 개가 더해지면 바나나 18개가 됩니다. 더해지는 바나나 수를 $\square$로 하여 식으로 나타내면 $11+\square=18$입니다.

**04** $26+\square=45$ ➡ $\square=45-26$ ➡ $\square=19$

**05** $\square-13=19$ ➡ $19+13=\square$ ➡ $\square=32$

**06** $29+\square=41$ ➡ $41-29=\square$ ➡ $\square=12$

**07** $\square-55=28$ ➡ $55+28=\square$ ➡ $\square=83$

**08** $57+$(어떤 수)$=85$이므로 어떤 수를 $\square$로 하여 식으로 나타내면 $57+\square=85$입니다.
$85-57=\square$ ➡ $\square=28$
어떤 수는 28입니다.

**09** 재원이가 먹은 사탕 수를 $\square$로 하여 식으로 나타내면 $50-\square=31$입니다.
$50-31=\square$ ➡ $\square=19$
재원이가 먹은 사탕은 19개입니다.

**10** ㉠$-45=15$ ➡ $45+15=$㉠ ➡ ㉠$=60$
$45+$㉡$=63$ ➡ $63-45=$㉡ ➡ ㉡$=18$
➡ ㉠$+$㉡$=60+18=78$

**11** (1) 친구에게 준 기념품 수를 □로 하면
(지호가 산 기념품 수)−(친구에게 준 기념품 수)
=(남은 기념품 수)이므로
식으로 나타내면 $33-\square=7$입니다.

(2) $33-\square=7 \Rightarrow 33-7=\square \Rightarrow \square=26$
지호가 친구들에게 준 기념품은 **26**개입니다.

---

## 단원평가로 완성하기
76~79쪽

**01** 31

**02** 70, 71, 72, 73 / 73

**03**
, 37

**04** (위에서부터) 61, 27, 42, 46

**05** 55

**06**
, 18

**07** 10, 7 / 10, 7, 20, 7, 13

**08** ㉢          **09** >

**10** 24개

**11** (계산 순서대로) 52, 52, 27

**12** 12          **13** ㉠, ㉢, ㉡

**14** 82, 28 / 82, 54          **15**

**16**
, 17

**11** ㉠          **18** $78+\square=93$ / 15

**19** (1) $32-\square=15$ (2) 17 (3) 17 / 17개

**20** (위에서부터) 3, 2, 8

---

**01** 일 모형 **4**개와 **7**개를 더하면 일 모형 **11**개가 됩니다. 일 모형 **10**개를 십 모형 **1**개로 바꾸면 십 모형 **3**개, 일 모형 **1**개가 됩니다.
$\Rightarrow 24+7=31$

**02** $67+6=73$

**04** $34+27=61$
$8+19=27$
$34+8=42$
$27+19=46$

**05** 가장 큰 수는 **47**이고, 가장 작은 수는 **8**입니다.
$\Rightarrow 47+8=55$

**06** ○를 /로 **14**개 지우면 **18**개가 남습니다.
$\Rightarrow 32-14=18$

**07** **17**을 **10**과 **7**로 가르기 하여 계산합니다.

**08** ㉠ $23-8=15$
㉡ $62-47=15$
㉢ $32-14=18$
㉣ $20-5=15$
계산 결과가 다른 하나는 ㉢입니다.

**09** $25-8=17$, $30-14=16$
$\Rightarrow 17>16$

**10** (사과나무에 남은 사과 수)
=(사과나무에 달려 있던 사과 수)
−(오늘 딴 사과 수)
$=60-36=24$(개)

**11**

**12**

$$\overset{4\ 10}{\cancel{5}6} \ -1\ 9 \over 3\ 7$$  →  $$\begin{array}{r} 3\ 7 \\ -\ 2\ 5 \\ \hline 1\ 2 \end{array}$$

**13** ㉠ $22+19+35=41+35$
    $=76$
  ㉡ $78-59+38=19+38$
    $=57$
  ㉢ $35+48-12=83-12$
    $=71$

계산 결과가 큰 것부터 순서대로 쓰면 ㉠, ㉢, ㉡입니다.

**14** $54+28=82$        $54+28=82$

  $82-54=28$        $82-28=54$

**15** $17-9=8 \Rightarrow 9+8=17$
  $65+28=93 \Rightarrow 93-28=65$
  $36-19=17 \Rightarrow 19+17=36$

**16** ● $25$개에서 $17$개를 지우면 $8$개가 남습니다.
  $\Rightarrow 25-17=8$

**17** ㉠ $\square-33=7$
    $\Rightarrow 33+7=\square$
    $\Rightarrow \square=40$
  ㉡ $47+\square=76$
    $\Rightarrow 76-47=\square$
    $\Rightarrow \square=29$
  ㉢ $36+\square=65$
    $\Rightarrow 65-36=\square$
    $\Rightarrow \square=29$
  ㉣ $84-\square=55$
    $\Rightarrow 84-55=\square$
    $\Rightarrow \square=29$

$\square$ 안에 들어갈 수가 다른 하나는 ㉠입니다.

**18** $78+$(어떤 수)$=93$이므로 어떤 수를 $\square$로 하여 식으로 나타내면 $78+\square=93$입니다.
  $93-78=\square \Rightarrow \square=15$

**19**

| 채점 기준 | |
|---|---|
| 상 | 식을 세우고 답을 바르게 구했습니다. |
| 중 | 식을 바르게 세웠으나 답을 구하지 못했습니다. |
| 하 | 식을 세우지 못하여 답을 구하지 못했습니다. |

**20**

$$\begin{array}{r} 5\ ㉠ \\ -\ ㉡\ ㉢ \\ \hline 2\ 5 \end{array}$$

㉡에는 $2$ 또는 $3$이 들어갈 수 있습니다.

㉡이 $2$라고 하면 $53-28$ 또는 $58-23$이 됩니다.

$\Rightarrow 53-28=25, \ 58-23=35$

㉡이 $3$이라고 하면 $52-38$ 또는 $58-32$가 됩니다.

$\Rightarrow 52-38=14, \ 58-32=26$

$$\begin{array}{r} 5\ \boxed{3} \\ -\ \boxed{2}\ \boxed{8} \\ \hline 2\ 5 \end{array}$$

# ㄴ 길이 재기

문제를 풀며 이해해요       83쪽

**1** 경수       **2** (1) **3** (2) **6**

교과서 문제 **해결하기**       84~85쪽

**01** 가       **02** 대영

**03** 풀       **04** 6, 3

**05** 연필       **06** 적습니다에 ○표

**07** 8, 5       **08** ㉡

**09** ②       **10** 지민

실생활 활용 문제

**11** 5

---

**01** 가가 나보다 더 짧습니다.

**02** 리본의 한쪽 끝을 맞추어 리본의 길이를 비교하면 대영이의 두 번째 손가락이가장 깁니다.

**03** 머리핀의 길이는 클립으로 **3**번 재었고, 풀의 길이는 **5**번 재었습니다. 머리핀과 풀 중 더 긴 것은 풀입니다.

**04** 책상의 긴 쪽의 길이는 크레파스로 **6**번 재었습니다.
책상의 긴 쪽의 길이는 연필로 **3**번 재었습니다.

**05** 크레파스와 연필 중 길이가 더 긴 것은 연필입니다.

**06** 단위길이가 긴 연필로 재었을 때 길이를 잰 횟수가 더 적습니다.

**07** 텔레비전의 긴 쪽의 길이는 **8**뼘이고, 짧은 쪽의 길이는 **5**뼘입니다.

**08** 같은 단위길이로 재었으므로 잰 횟수가 많을수록 길이가 긴 것입니다.

**09** 고무줄은 잡아 당기는 힘에 따라 길이가 달라지므로 길이를 재는 단위로 사용하기에 좋지 않습니다.

**10** 한 뼘의 길이가 짧을수록 길이를 잰 횟수가 많습니다.
한 뼘의 길이가 가장 짧은 친구는 지민입니다.

**11** 서랍장의 길이가 연필로 **5**번이므로 '가'의 길이는 연필로 **5**번보다 길어야 합니다.

문제를 풀며 이해해요       87쪽

**1** (1) 3 / **3 cm** / 3 센티미터
(2) 4 / **4 cm** / 4 센티미터

**2** (1) 6 cm (2) 9 cm

교과서 문제 **해결하기**       88~89쪽

**01** 1 cm, 1 센티미터

**02** 예

**03** (1) 10 (2) 7

**04** 예

**05** 8 cm       **06** 3 cm

**07** 8 cm       **08** ㉢

**09** 1 cm       **10** 6 cm

실생활 활용 문제

**11** 2 cm

---

**01** 1 cm는 1 센티미터라고 읽습니다.

**02** 1 cm가 **5**개이면 **5** cm이므로 점선으로 나누어진 작은 칸을 **5**개만큼 칠합니다.

**03** 1 cm가 ◆번이면 ◆cm입니다.

**04** 6 cm는 I cm가 6번입니다.

**05** 자로 재어 보면 막대의 길이는 8 cm입니다.

**06** I cm가 3번이므로 아름이 이름표의 길이는 3 cm입니다.

**07** 숟가락의 눈금이 2부터 I0까지이면 I cm가 8개이므로 숟가락의 길이는 8 cm입니다.

**08** ㉠ 노란색 막대의 눈금은 7부터 9까지이므로 길이는 2 cm입니다.

㉡ 주황색 막대와 노란색 막대의 눈금은 3부터 9까지이므로 길이는 6 cm입니다.

㉢ 파란색 막대는 3 cm이고, 노란색 막대는 2 cm이므로 길이를 더하면 5 cm입니다.

설명이 옳은 것은 ㉢입니다.

**09** 면봉은 5 cm, 이쑤시개는 6 cm입니다. 이쑤시개는 면봉보다 I cm 더 깁니다.

**10** 빨간색 선은 I cm가 6개이므로 6 cm입니다.

**11** 쌓인 눈의 높이를 재어 보면 2 cm입니다.

---

**문제를 풀며 이해해요** 91쪽

**1** (1) 6, 7, 6, 6       (2) 9, I0, I0, I0
**2** 예 II, II

---

**교과서 문제 해결하기** 92~93쪽

**01** 3, 4           **02** ㉠, ㉣
**03** 7 cm          **04** 6 cm
**05** 짧습니다에 ○표   **06** 3 cm
**01** 예 9 cm, 9 cm   **08** 6 cm
**09** 50 cm          **10** 나연

**실생활 활용 문제**

**11** ㉠

---

**01** 파란색 점은 2와 3중에서 3에 더 가깝습니다. 빨간색 점은 4와 5 중에서 4에 더 가깝습니다.

**02** ㉠ 2와 3 중에서 3에 더 가까우므로 약 3 cm라고 할 수 있습니다.

㉣ 집게의 한쪽 끝이 눈금 2와 3 사이에 있으므로 집게의 길이는 3 cm보다 조금 짧습니다.

**03** 사탕의 한쪽 끝이 눈금 7과 8 사이에 있고 7에 더 가까우므로 사탕의 길이는 약 7 cm입니다.

**04** 열쇠의 길이를 자로 재어 보면 한쪽 끝이 눈금 5와 6 사이에 있고 6에 더 가까우므로 열쇠의 길이는 약 6 cm입니다.

**05** 어림한 길이는 약 9 cm인데 볼펜을 자로 재어 보면 I0 cm입니다.

어림한 길이는 자로 잰 길이보다 짧습니다.

**06** 블럭의 길이는 I cm가 3번에 가까우므로 약 3 cm입니다.

**07** 나의 길이는 가의 길이를 2개 합친 것보다 짧은 것을 이용하여 어림해 봅니다.

막대를 자로 잰 길이는 9 cm입니다.

**08** 크레파스의 길이에 엄지손톱이 6번쯤 들어가므로 크레파스의 길이는 약 6 cm입니다.

**09** 한 뼘의 길이는 약 I0 cm이므로 5뼘쯤이면 길이가 I0 cm가 5개이므로 약 50 cm입니다.

**10** 선의 길이를 자로 재어 보면 7 cm인데 주아는 약 9 cm로 어림했고, 나연이는 약 6 cm로 어림했습니다.

나연이가 실제 길이에 더 가깝게 어림했습니다.

**11** 컵에 빨대를 꽂아 사용하려면 빨대의 길이는 9 cm보다 길어야 합니다.

세 개의 막대 중 9 cm보다 긴 빨대는 약 I0 cm인 ㉠입니다.

## 단원평가로 완성하기

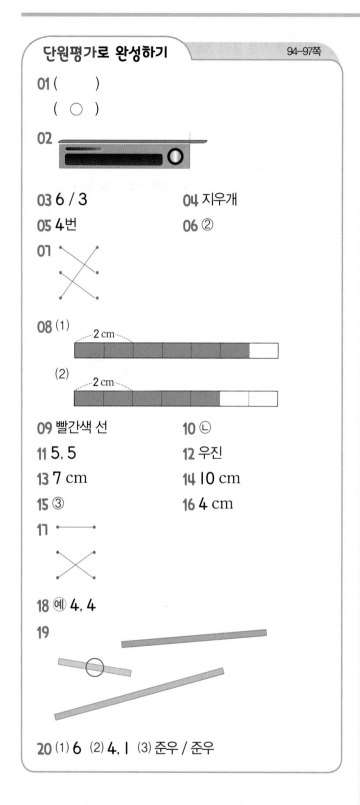

**01** (　　　)
　　( ○ )

**02**

**03** 6 / 3　　　　**04** 지우개

**05** 4번　　　　**06** ②

**07**

**08** (1)
　　　2 cm

　(2)
　　　2 cm

**09** 빨간색 선　　　　**10** ㉡

**11** 5, 5　　　　**12** 우진

**13** 7 cm　　　　**14** 10 cm

**15** ③　　　　**16** 4 cm

**17**

**18** 예) 4, 4

**19**

**20** (1) 6　(2) 4, 1　(3) 준우 / 준우

**01** 바구니의 길이만큼 자른 리본의 길이가 리코더의 길이만큼 자른 리본의 길이보다 더 깁니다.

**02** 스피커의 긴 쪽을 따라 끈을 당긴 다음 재려고 하는 길이와 끈의 길이가 같아지도록 끈을 잘라야 합니다.

**03** 애호박의 길이는 바둑돌로 6번입니다. 애호박의 길이는 지우개로 3번입니다.

**04** 단위길이가 길수록 길이를 잰 횟수는 적습니다.

**05** 돋보기의 길이를 클립으로 재면 4번입니다.

**06** 1 cm와 길이가 비슷한 것은 엄지손톱의 길이입니다.

**07** 1 cm가 7번이면 7 cm입니다.
1 cm가 8번이면 8 cm입니다.
1 cm가 5번이면 5 cm입니다.

**08** (1) 6 cm는 2 cm가 3번 들어갑니다.
(2) 5 cm는 2 cm가 2번 들어가고 2 cm의 반만큼 더 들어갑니다.

**09** 자로 재어 보면 노란색 선은 3 cm이고 빨간색 선은 3 cm보다 짧습니다.

**10** 1 cm가 7번이면 7 cm이고 7cm인 화살표는 ㉡입니다.

**11** 1 cm가 눈금 1부터 6까지 5번이므로 빨간색 선의 길이는 5 cm입니다.

**12** 초록색 선은 1 cm가 4번 들어가므로 4 cm입니다. 바르게 말한 친구는 우진입니다.

**13** 과자의 길이를 자로 재어 보면 7 cm입니다.

**14** 그림 카드의 짧은 쪽의 길이는 4 cm이고, 긴 쪽의 길이는 6 cm이므로 길이를 더하면 10 cm입니다.

**15** 한쪽 끝이 눈금 5와 6 사이에 있고, 5에 더 가까우므로 양초의 길이는 약 5 cm라고 할 수 있습니다.

**16** 1 cm가 4번에 가까우므로 막대의 길이는 약 4 cm입니다.

**17** 발의 길이는 약 **20** cm입니다.

손끝에서 어깨까지의 길이는 약 **50** cm입니다.

다섯 번째 손가락의 길이는 약 **5** cm입니다.

**18** 약병의 길이에 파란색 막대가 **4**번 들어갑니다.

**19** 엄지손톱의 길이가 약 **1** cm이므로 엄지손톱이 약 **3**번 들어가는 선분을 찾아봅니다.

**20**

| 채점 기준 | |
|---|---|
| 상 | 칠판 지우개의 길이를 자로 재어 실제 길이와 더 가깝게 어림한 친구를 바르게 구하였습니다. |
| 중 | 칠판 지우개의 길이를 자로 바르게 재었으나 실제 길이와 더 가깝게 어림한 친구를 구하지 못했습니다. |
| 하 | 칠판 지우개의 길이를 자로 잘못 재어 실제 길이와 더 가깝게 어림한 친구를 구하지 못했습니다. |

## 5 분류하기

**문제를 풀며 이해해요** 101쪽

**1** ㉠

**2** ㉡, ㉢, ㉣, ㉤, ㉥ / ㉠, ㉦, ㉧, ㉨, ㉩

**교과서 문제 해결하기** 102~103쪽

**01** 색깔

**02** 예 지우개가 달린 연필과 지우개가 달리지 않은 연필로 분류합니다.

**03** 예 분류 기준이 분명하지 않습니다. /
예 아이스크림 맛

**04** 색깔 / 보라색, 빨간색, 노란색

**05** ㉢          **06** 예 모양 / 색깔

**01** ④

**실생활 활용 문제**

**08** (1) 과일과 고기

(2)
| 종류 | 과일 | 고기 |
|---|---|---|
| 음식 이름 | 사과, 복숭아, 감 | 닭고기, 돼지고기, 소고기 |

**01** 연수는 양말을 색깔에 따라 분류하였습니다.

**02** 연필 색깔에 따라 분류하는 방법도 있습니다.

**03** 아이스크림이 담긴 모양에 따라 분류하는 방법도 있습니다.

**04** 과일을 색깔에 따라 분류했습니다.

**05** ㉠에는 사전만, ㉡에는 동화책만, ㉢에는 교과서만 있어야 합니다. ㉢에 있는 백설공주 책은 ㉡ 동화책 칸으로 옮겨야 합니다.

**06** 과자를 모양에 따라 분류하거나 색깔에 따라 분류할 수 있습니다.

**01** ④ 분류 기준이 하나만 있는 것은 아닙니다.

문제를 풀며 이해해요     105쪽

**1** (1)

| 곤충 | 장수<br>풍뎅이 | 사슴<br>벌레 | 매미 | 나비 |
|---|---|---|---|---|
| 세면서<br>표시하기 | ///// | ///// // | // | //// |
| 학생 수(명) | 5 | 7 | 2 | 4 |

(2) 사슴벌레 (3) 매미 (4) 사슴벌레

교과서 문제 해결하기     106~107쪽

**01** 17, 13      **02** 혁수네 모둠

**03** 6, 4, 4      **04** 5, 6, 3

**05** 3개      **06** 15, 8, 7

**01** 맑은 날에 ○표, 15, 비 온 날에 ○표, 7

**실생활 활용 문제**

**08** (1) 그릇의 크기
    (2) 2개

**01** 카드를 검은색과 흰색으로 분류하여 세어 보면 **30**장의 카드 중 검은색이 **17**장, 흰색이 **13**장입니다.

**02** 검은색 카드가 **17**장, 흰색 카드가 **13**장으로 검은색 카드가 더 많으므로 혁수네 모둠이 이겼습니다.

**03** 모양을 기준으로 분류할 때는 색깔은 생각하지 않습니다.

**04** 색깔에 따라 분류할 때 모양은 생각하지 않습니다.

**05** 종이접기 작품 중 탈것은 배와 비행기로 모두 **10**개입니다.
이 중에서 빨간색은 **3**개입니다.

**06** 날씨별로 분류하여 세어 보면 맑은 날은 **15**일, 흐린 날은 **8**일, 비 온 날은 **7**일입니다.

**07** 지난달 날씨를 보면 맑은 날이 **15**일로 가장 많았고, 비 온 날이 **7**일로 가장 적었습니다.

**08** (1) **2**개의 통에 나누어 담으려면 크기로 분류해야 합니다. 색으로 분류하여 담으려면 통 **4**개가 필요합니다.
    (2) 큰 접시는 **8**개이고, 작은 접시는 **10**개이므로 차는 **10**−**8**=**2**(개)입니다.

단원평가로 완성하기     108~111쪽

**01** (    )
    (    )
    ( ○ )

**02** 같은, 알맞지 않습니다에 ○표

**03** ㉢

**04** 예 상의와 하의로 분류할 수 있습니다.

**05** 예 동전과 지폐로 분류할 수 있습니다.

**06** ㉡, ㉢, ㉢ / ㉢, ㉣, ○ / ㉠, ㉅

**07** ㉡, ㉣, ㉅ / ㉢, ○ / ㉠, ㉢, ㉢

**08** 예 자음과 모음 / 풀이 참조

**09** ㉠, ㉢, ㉅ / ㉡, ㉢, ○ / ㉢, ㉣, ㉈

**10** 과일

**11** 풀이 참조, 6, 5, 4

**12** 풀이 참조, 7, 3, 5

**13** 풀이 참조, 4, 5, 6

**14** 12, 8, 8      **15** 10, 10, 8

**16** 예 원인 장난감과 원이 아닌 장난감

**17** 예 종류      **18** 풀이 참조

**19** 15, 10, 5

**20** (1) 축구공, 5 (2) 배구공, 15 (3) 축구공, 10
    / 축구공, 10개

**01** '좋아하는 인형과 좋아하지 않는 인형'과 '새 인형과 오래된 인형'은 분류하는 사람에 따라 달라지므로 분류 기준으로 알맞지 않습니다.

**02** 분류 기준을 정할 때는 누가 분류하더라도 같은 결과가 나올 수 있는 기준으로 정해야 합니다.

**03** ㉠ 모양을 기준으로 분류할 수 있습니다.
ⓒ 팔 길이를 기준으로 분류할 수 있습니다.
㉣ 색깔을 기준으로 분류할 수 있습니다.

**06** 컵을 색깔에 따라 분류하여 기호로 써 봅니다.

**07** 컵을 손잡이 수에 따라 분류하여 기호를 써 봅니다.

**08**

| 종류 | 자음 | 모음 |
|---|---|---|
| 자석 | ㄱ, ㄴ, ㄷ, ㄹ, ㅁ | ㅏ, ㅓ, ㅗ, ㅛ, ㅜ, ㅠ |

**10** 귤은 과일로 분류할 수 있습니다.

**11**

| 색깔 | 주황색 | 초록색 | 보라색 |
|---|---|---|---|
| 세면서 표시하기 | 〜〜/ | 〜〜 | //// |
| 단추 수(개) | 6 | 5 | 4 |

**12**

| 구멍 수 | 2개 | 3개 | 4개 |
|---|---|---|---|
| 세면서 표시하기 | 〜〜// | /// | 〜〜 |
| 단추 수(개) | 7 | 3 | 5 |

**13**

| 모양 | □ | ○ | ♡ |
|---|---|---|---|
| 세면서 표시하기 | //// | 〜〜 | 〜〜/ |
| 단추 수(개) | 4 | 5 | 6 |

**14**

| 색깔 | 빨간색 | 노란색 | 초록색 |
|---|---|---|---|
| 세면서 표시하기 | 〜〜 〜〜// | 〜〜 /// | 〜〜 /// |
| 장난감 수(개) | 12 | 8 | 8 |

**15**

| 모양 | □ | ○ | △ |
|---|---|---|---|
| 세면서 표시하기 | 〜〜 〜〜 | 〜〜 〜〜 | 〜〜 /// |
| 장난감 수(개) | 10 | 10 | 8 |

**16** 꼭짓점이 있는 장난감과 꼭짓점이 없는 장난감으로도 분류할 수 있습니다.

**17** 예 과일을 종류별로 분류할 수 있습니다.

**18** 예

| 종류 | 석류 | 포도 | 사과 | 귤 |
|---|---|---|---|---|
| 과일 수(개) | 3 | 5 | 5 | 7 |

**19**

| 종류 | 배구공 | 농구공 | 축구공 |
|---|---|---|---|
| 세면서 표시하기 | 〜〜 〜〜 〜〜 | 〜〜 〜〜 | 〜〜 |
| 공 수(개) | 15 | 10 | 5 |

**20** 채점 기준

| | |
|---|---|
| 상 | 개수가 가장 많은 공과 가장 적은 공을 구하고 어떤 공을 얼마만큼 사야 하는지 바르게 구했습니다. |
| 중 | 개수가 가장 많은 공과 가장 적은 공을 구했으나 어떤 공을 얼마만큼 사야 하는지 구하지 못했습니다. |
| 하 | 개수가 가장 많은 공과 가장 적은 공을 구하지 못하여 답을 구하지 못했습니다. |

## 6 곱셈

115쪽

### 문제를 풀며 이해해요

**1** (1) 5 (2) 9, 12, 15 (3) 15
**2** (1) 4 (2) 12, 18, 24 (3) 24

### 교과서 문제 해결하기

116~117쪽

01 6, 8, 10, 12
02 4
03 12개
04 10, 12, 14
05 15, 20
06 ⑤
07 9, 12, 15, 18
08 12, 18
09 18개
10

### 실생활 활용 문제

11 (1) 5묶음 (2) 4묶음

---

01 2씩 뛰어 세기 ➡ 2, 4, 6, 8, 10, 12

02 3씩 묶어 세기 ➡ 3씩 4묶음

03 가위는 모두 12개입니다.

04 2씩 뛰어 세기를 하면 2, 4, 6, 8, 10, 12, 14, 16입니다.

05 5씩 뛰어 세기를 하면 5, 10, 15, 20입니다.

06 지우개는 3씩 묶으면 7묶음입니다.

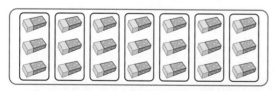

07 3씩 묶어 세면 3−6−9−12−15−18입니다.

08 6씩 묶어 세면 6−12−18입니다.

---

09 ☆은 모두 18개입니다.

10

 ➡ 4씩 3묶음

 ➡ 4씩 4묶음

11 (1) 책상 위에 있는 클립을 4씩 묶어 세면 5묶음입니다.
   (2) 책상 위에 있는 클립을 5씩 묶어 세면 4묶음입니다.

### 문제를 풀며 이해해요

119쪽

**1** (1) 6 (2) 3 (3) 6 (4) 3

### 교과서 문제 해결하기

120~121쪽

01 6
02 4
03 3
04 5배
05 2, 7
06 6, 3
07 5, 4, 5
08 4, 7, 4
09 ④
10 3배

### 실생활 활용 문제

11 (1) 5개 (2) 10개

---

02 5씩 4묶음은 5의 4배입니다.

03 4씩 3묶음은 4의 3배입니다.

04 성호가 가진 딱지 수는 3씩 5묶음입니다.
   3씩 5묶음은 3의 5배입니다.

05 2의 7묶음은 2의 7배입니다.

06 6의 3묶음은 6의 3배입니다.

07 4씩 5묶음은 4의 5배입니다.

**08** 7씩 4묶음은 7의 4배입니다.

**09** 3씩 5묶음은 3의 5배입니다.

**10** 빨간색 막대의 길이는 2칸이고, 초록색 막대의 길이는 6칸입니다.

6은 2씩 3묶음입니다.

2씩 3묶음은 2의 3배입니다.

초록색 막대의 길이는 빨간색 막대의 길이의 3배입니다.

**11** (1) 민이가 쌓은 모양은 쌓기나무가 5개입니다.

(2) 동생이 성을 만드는 데 사용한 쌓기나무는 민이가 사용한 쌓기나무의 2배입니다.

5개의 2배는 5개씩 2묶음이므로 10개입니다.

동생이 성을 만드는 데 사용한 쌓기나무는 10개입니다.

---

**문제를 풀며 이해해요**　　　　　123쪽

**1** (1) 6　(2) 6　(3) 24　(4) 6, 24
**2** (1) 4　(2) 4　(3) 24　(4) 4, 24

---

**교과서 문제 해결하기**　　　　124~125쪽

01 6, 6, 18 / 3, 18
02 12 / 4, 12
03 4+4+4=12 / 4×3=12
04 (1) 3, 7, 21　(2) 6, 9, 54
05 ③
06 5×7=35
07 ㉡, ㉢
08 ㉣
09 ④
10 15개

**실생활 활용 문제**

11 8+8+8+8+8=40 / 8×5=40

---

**01** 색연필은 6자루씩 3묶음입니다.

덧셈식 6+6+6=18

곱셈식 6×3=18

**02** 조각케이크는 한 접시에 3개씩 4접시에 담겨 있습니다.

덧셈식 3+3+3+3=12

곱셈식 3×4=12

**03** 밤은 4개씩 3묶음입니다.

덧셈식 4+4+4=12

곱셈식 4×3=12

**04** (1) 3의 7배

➡ 3×7

=3+3+3+3+3+3+3

=21

(2) 6의 9배

➡ 6×9

=6+6+6+6+6+6+6+6+6

=54

**05** ① 5×6=5+5+5+5+5+5입니다.

② 7과 2의 곱은 7×2입니다.

④ 4+4+4+4+4는 4×5와 같습니다.

⑤ 3×8은 3 곱하기 8이라고 읽습니다.

**06** <u>5</u> 곱하기 <u>7</u>은 <u>35</u>와 같습니다.

5　×　7 = 35

**07** 5의 4배

➡ 5씩 4묶음

➡ 5+5+5+5

➡ 5×4

5의 4배와 같은 것은 ㉡, ㉢입니다.

**08** 6×4

➡ 6의 4배

➡ 6 곱하기 4

➡ 6씩 4묶음

➡ 6+6+6+6

6×4와 다른 하나는 ㉣입니다.

**09** 쌓기나무 한 개의 높이가 2 cm이므로 쌓기나무 6개를 쌓은 높이는 2 cm의 6배입니다.

2의 6배는 2×6이고

2×6=2+2+2+2+2+2=12입니다.

쌓기나무 6개를 쌓은 높이는 12 cm입니다.

**10** 정우는 공깃돌을 5개 가지고 있고, 민이는 정우가 가지고 있는 공깃돌 수의 3배만큼 가지고 있습니다.

5의 3배는 5×3이고

5×3=5+5+5=15입니다.

민이가 가지고 있는 공깃돌은 15개입니다.

**11** 의자에 8명씩 5줄로 앉았습니다.

덧셈식으로 나타내면

8+8+8+8+8=40입니다.

곱셈식으로 나타내면 8×5=40입니다.

---

**1** (1) 2, 2

(2) 16

(3) 2, 16

(4) 8, 16 / 4, 16

**2** (1) 4, 4

(2) 24

(3) 4, 24

(4) 6, 24 / 8, 24 / 3, 24

---

**01** 4×3=12, 4×4=16

**02** 5, 4, 20

**03** (왼쪽에서부터) 6, 24 / 3, 24 / 8, 24

**04** ㉣

**05** 6×3=18

**06** 3×7=21

**07** 4×8=32

**08** 9살

**09** 54개

**10** 7, 8, 9

실생활 활용 문제

**11** 8×3=24

---

**01** 4개씩 3묶음

➡ 4×3=4+4+4=12

4개씩 4묶음

➡ 4×4=4+4+4+4=16

**02** 배추가 한 줄에 5포기씩 4줄이 있으므로 배추가 모두 몇 포기인지 곱셈식으로 나타내면

5×4=5+5+5+5=20입니다.

**03** 6개씩 4묶음 ➡ 6×4=24

4개씩 6묶음 ➡ 4×6=24

8개씩 3묶음 ➡ 8×3=24

3개씩 8묶음 ➡ 3×8=24

**04** ㉠ 4개씩 3묶음 ➡ 4×3=12

㉡ 3개씩 4묶음 ➡ 3×4=12

㉢ 2개씩 6묶음 ➡ 2×6=12

그림을 보고 만들 수 없는 곱셈식은

㉣ 8×2=16입니다.

**05** 찹쌀떡이 한 상자에 **6**개씩 들어 있습니다.
**3**상자에 들어 있는 찹쌀떡은
$6 \times 3 = 6 + 6 + 6 = 18$(개)입니다.

**06** 옥수수가 한 봉지에 **3**개씩 **7**봉지가 있습니다.
옥수수는
$3 \times 7 = 3 + 3 + 3 + 3 + 3 + 3 + 3 = 21$(개)
입니다.

**07** 한 대에 바퀴가 **4**개인 자동차가 **8**대 있습니다.
자동차 **8**대의 바퀴의 수는
$4 \times 8 = 4 + 4 + 4 + 4 + 4 + 4 + 4 + 4$
$= 32$(개)입니다.

**08** 지후 동생의 나이는 **3**살이고 지후의 나이는 지후
동생 나이의 **3**배입니다.
지후의 나이는
$3 \times 3 = 3 + 3 + 3 = 9$(살)입니다.

**09** 사과가 한 상자에 **9**개씩 **6**상자에 들어 있습니다.
사과는
$9 \times 6 = 9 + 9 + 9 + 9 + 9 + 9 = 54$(개)입니다.

**10** $4 \times 9 = 36$이므로 $3\square$는 **36**보다 큰 수이어야
합니다.
**1**부터 **9**까지의 숫자 중에서 □ 안에 들어갈 수 있
는 숫자는 **7, 8, 9**입니다.

**11** 도현이는 줄넘기를 **8**번 했고, 지수는 도현이의 **3**
배를 했으므로
$8 \times 3 = 8 + 8 + 8 = 24$(번) 했습니다.

## 단원평가로 완성하기

**01** 12, 16　　　　　　**02** 5배
**03** 7, 9　　　　　　　**04** 5배
**05** 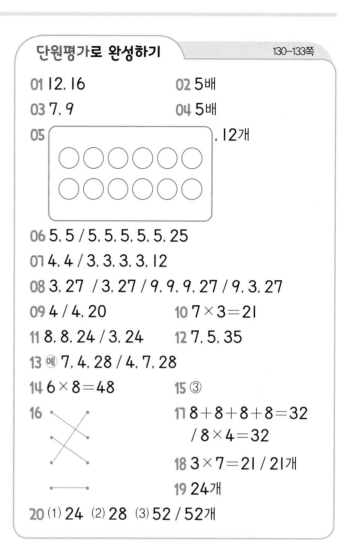 , 12개
**06** 5, 5 / 5, 5, 5, 5, 5, 25
**07** 4, 4 / 3, 3, 3, 3, 12
**08** 3, 27 / 3, 27 / 9, 9, 9, 27 / 9, 3, 27
**09** 4 / 4, 20　　　　　**10** $7 \times 3 = 21$
**11** 8, 8, 24 / 3, 24　　**12** 7, 5, 35
**13** 예) 7, 4, 28 / 4, 7, 28
**14** $6 \times 8 = 48$　　　　**15** ③
**16**　　　　　　　　**17** $8 + 8 + 8 + 8 = 32$
　　　　　　　　　　　 / $8 \times 4 = 32$
　　　　　　　　　　**18** $3 \times 7 = 21$ / 21개
　　　　　　　　　　**19** 24개
**20** (1) 24　(2) 28　(3) 52 / 52개

**01** 요구르트병을 **4**개씩 묶어 세면 **4 − 8 − 12 − 16**
입니다.

**02** **3**씩 **5**묶음이 **15**이므로 **15**는 **3**의 **5**배입니다.

**03** **7**씩 **9**묶음 ➡ **7**의 **9**배

**04** 연필의 수는 **10**개이고 지우개의 수는 **2**개입니다.
$2 + 2 + 2 + 2 + 2 = 10$이므로 **2**의 **5**배가 **10**
입니다.
연필의 수는 지우개 수의 **5**배입니다.

**05** **4**의 **3**배는 **12**개이므로 달걀은 **12**개입니다.

**06** **5**씩 **5**묶음
➡ **5**의 **5**배
➡ $5 + 5 + 5 + 5 + 5 = 25$

**01** 3씩 4묶음

➡ 3의 4배

➡ 3+3+3+3=12

**08** 사과는 9씩 3묶음이므로 9의 3배입니다.

덧셈식으로 나타내면 9+9+9=27입니다.

곱셈식으로 나타내면 9×3=27입니다.

**09** 5씩 4묶음 ➡ 5×4=20

**10** 7개씩 3묶음

➡ 7×3=7+7+7=21

**11** 8개씩 3묶음

덧셈식 8+8+8=24

곱셈식 8×3=24

**12** 구슬이 7개씩 5묶음 있습니다.

덧셈식 7+7+7+7+7=35

곱셈식 7×5=35

**13** 7대씩 4줄 ➡ 7×4=28

4대씩 7줄 ➡ 4×7=28

**14** 6 곱하기 8은 48과 같습니다.

6  ×  8 = 48

**15** ① 2의 8배

➡ 2×8=2+2+2+2+2+2+2+2

=16

② 3의 7배

➡ 3×7=3+3+3+3+3+3+3

=21

③ 8의 3배

➡ 8×3=8+8+8=24

④ 5의 4배

➡ 5×4=5+5+5+5=20

⑤ 6의 2배

➡ 6×2=6+6=12

가장 큰 수는 ③입니다.

**16** 2×5 ➡ 2씩 5묶음

3×4 ➡ 3씩 4묶음

4×3 ➡ 4씩 3묶음

5×2 ➡ 5씩 2묶음

**17** 피자가 한 판에 8조각씩 4판 있습니다.

덧셈식 8+8+8+8=32

곱셈식 8×4=32

**18** 바퀴가 3개인 세발자전거가 7대 있습니다.

바퀴는 3개씩 7묶음입니다.

3개씩 7묶음

➡ 3×7=3+3+3+3+3+3+3

=21(개)입니다.

바퀴는 모두 21개입니다.

**19** 쌓기나무 수는 3개입니다.

3의 8배만큼 쌓으려면

3×8=3+3+3+3+3+3+3+3

=24(개)입니다.

**20** (1) 3개씩 8봉지

➡ 3×8=3+3+3+3+3+3+3+3

=24(개)

(2) 4개씩 7봉지

➡ 4×7=4+4+4+4+4+4+4

=28(개)

(3) 24+28=52(개)

| 채점 기준 | |
|---|---|
| 상 | 서우와 지수가 봉지에 담은 빵 수를 각각 구하여 두 사람이 봉지에 담은 빵 수를 바르게 구했습니다. |
| 중 | 서우와 지수가 봉지에 담은 빵 수를 각각 구하였으나 두 사람이 봉지에 담은 빵 수를 바르게 구하지 못했습니다. |
| 하 | 서우와 지수가 봉지에 담은 빵 수를 구하지 못하여 두 사람이 봉지에 담은 빵 수를 구하지 못했습니다. |

## BOOK 2 실전책

### 1단원 핵심+문제 복습 ▶▶▶  4~5쪽

| | |
|---|---|
| **01** 10 | **02** 700, 칠백 |
| **03** 467 | **04** (1) 595  (2) 409 |
| **05** 5, 4, 7 | **06** 860에 색칠 |
| **07** 441, 541, 641 | **08** 1000, 천 |
| **09** (1) <  (2) > | **10** 142 |

**01** 90보다 10만큼 더 큰 수는 100입니다.

**02** 100이 7개이면 700이라 쓰고, 칠백이라고 읽습니다.

**03** 백 모형이 4개이면 400, 십 모형이 6개이면 60, 일 모형이 7개이면 7이므로 수 모형이 나타내는 수는 467입니다.

**04** (1) 오백 구십 오
       5  9  5
(2) 사 백 구
    4 0 9

**05** 100이 5 ⎤
10이 4 ⎬ 이면 547입니다.
1이 7 ⎦

**06** 693의 6은 백의 자리 숫자이고, 600을 나타냅니다.
426의 6은 일의 자리 숫자이고, 6을 나타냅니다.
860의 6은 십의 자리 숫자이고, 60을 나타냅니다.
숫자 6이 60을 나타내는 수는 860입니다.

**07** 100씩 뛰어 세면 백의 자리 숫자가 1씩 커집니다.
2̲41−3̲41−4̲41−5̲41−6̲41

**08** 999보다 1만큼 더 큰 수는 1000이라 쓰고 천이라고 읽습니다.

**09** (1) 55̲7<62̲3
      5<6
(2) 80̲9>80̲7
      9>7

**10** 백의 자리 숫자가 작은 142와 194 중 십의 자리 숫자가 더 작은 142가 가장 작은 수입니다.

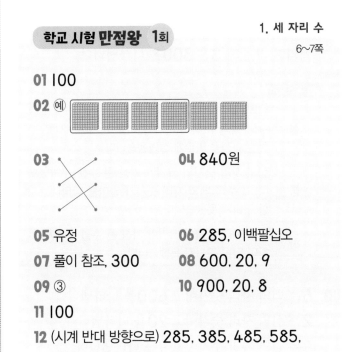

### 학교 시험 만점왕 1회
1. 세 자리 수
6~7쪽

**01** 100
**02** 예)
**03**
**04** 840원
**05** 유정
**06** 285, 이백팔십오
**07** 풀이 참조, 300
**08** 600, 20, 9
**09** ③
**10** 900, 20, 8
**11** 100
**12** (시계 반대 방향으로) 285, 385, 485, 585, 595, 695, 795
**13** 572
**14** 동화책
**15** 풀이 참조, 199개

**01** 90보다 10만큼 더 큰 수는 100입니다.

**02** 400은 100이 4개인 수이므로 백 모형 4개를 묶습니다.

**03** 삼백 ➡ 300
구백 ➡ 900
육백 ➡ 600

**04** 100원이 7개, 10원이 14개 있습니다.
10원이 10개이면 100원과 같으므로 동전은 모두 840원입니다.

**05** 407은 사백칠이라고 읽습니다.

정답과 풀이 **41**

**06** 백 모형이 2개이면 200, 십 모형이 8개이면 80, 일 모형이 5개이면 5이므로 수 모형이 나타내는 수는 285입니다.

**07** ㉠ 850의 십의 자리 숫자는 5입니다.
㉡ 391의 십의 자리 숫자는 9입니다.
㉢ 577의 십의 자리 숫자는 7입니다.
십의 자리 숫자가 가장 큰 수는 391이고, 391의 백의 자리 숫자 3은 300을 나타냅니다.

| 채점 기준 | |
|---|---|
| 상 | 십의 자리 숫자의 크기가 가장 큰 수를 구하고 그 수의 백의 자리 숫자가 얼마를 나타내는지를 구하는 과정을 바르게 설명했습니다. |
| 중 | 십의 자리 숫자의 크기가 가장 큰 수를 구하였으나 그 수의 백의 자리 숫자가 얼마를 나타내는지를 구하지 못했습니다. |
| 하 | 십의 자리 숫자의 크기가 가장 큰 수를 구하지 못하여 답을 구하지 못했습니다. |

**08** 6은 백의 자리 숫자이고 600을 나타냅니다.
2는 십의 자리 숫자이고 20을 나타냅니다.
9는 일의 자리 숫자이고 9를 나타냅니다.

**09** ① 구백구라고 읽습니다.
② 십의 자리 숫자는 0입니다.
④ 100이 9개, 1이 9개인 수입니다.
⑤ 909에서 십의 자리 숫자는 0이고 0이 나타내는 수는 0입니다.

**10** $928 = 900 + 20 + 8$

**11** $5\underline{5}8 - 6\underline{5}8 - 7\underline{5}8 - 8\underline{5}8 - 9\underline{5}8$
백의 자리 숫자가 1씩 커졌으므로 100씩 뛰어 세었습니다.

**12** 100씩 뛰어 세면 백의 자리 숫자가 1씩 커지고, 10씩 뛰어 세면 십의 자리 숫자가 1씩 커집니다.

**13** $5\underline{7}2 > 5\underline{6}4$
$\underline{7 > 6}$

**14** 백의 자리 숫자를 비교하면 동화책의 권수가 368로 가장 많은 것을 알 수 있습니다.

**15** 10개씩 15봉지에 들어 있는 사탕은 150개이고, 낱개로 9개 있으므로 사탕은 모두 159개입니다.
159에서 10씩 4번 뛰어 세면
$15\underline{9} - 16\underline{9} - 17\underline{9} - 18\underline{9} - 19\underline{9}$이므로
사탕은 모두 199개입니다.

| 채점 기준 | |
|---|---|
| 상 | 처음 사탕의 수와 4봉지를 더 산 다음 사탕의 수를 구하는 과정을 바르게 설명했습니다. |
| 중 | 처음 사탕의 수를 구했으나 4봉지를 더 산 다음 사탕의 수를 구하지 못했습니다. |
| 하 | 처음 사탕의 수를 구하지 못하여 4봉지를 더 산 다음 사탕의 수를 구하지 못했습니다. |

---

### 학교 시험 만점왕 2회

1. 세 자리 수
8~9쪽

**01** 96, 100
**02** 10, 10, 1
**03** 600, 육백
**04** 풀이 참조, 8개
**05** 예 ⟨100⟩ ⟨100⟩ ⟨1⟩ ⟨1⟩ ⟨1⟩
**06** 497장
**07** 583
**08** (1) 70 (2) 800
**09** 954
**10** (1) 100 (2) 4
**11** 641, 621, 611
**12** 586, 595, 685
**13** 671에 ○표
**14** 풀이 참조, 5개
**15** 985, 589

---

**01** 수직선에서 오른쪽으로 한 칸 갈수록 1씩 커집니다. 99보다 1만큼 더 큰 수는 100입니다.

**03** 100이 6개이면 600이라 쓰고 육백이라고 읽습니다.

**04** 예 **10**이 **10**개인 수는 **100**이므로 **10**원짜리 동전이 **80**개인 수는 **800**원입니다.
**800**은 **100**이 **8**개인 수이므로 **100**원짜리 동전 **8**개로 바꿀 수 있습니다.

| 채점 기준 | |
|---|---|
| 상 | **10**원짜리 **80**개가 얼마인지 구하여 바꿀 수 있는 **100**원짜리 동전 수를 구하는 과정을 바르게 설명했습니다. |
| 중 | **10**원짜리 **80**개가 얼마인지 구했으나 바꿀 수 있는 **100**원짜리 동전 수를 구하지 못했습니다. |
| 하 | **10**원짜리 **80**개인 수가 얼마인지 구하지 못하여 답을 구하지 못했습니다. |

**05** 이백삼은 **203**이라고 씁니다.
**203**은 **100**이 **2**개, **1**이 **3**개인 수입니다.

**06** **100**장씩 **4**상자이면 **400**장, **10**장씩 **9**묶음이면 **90**장, 낱개로 **7**장이므로 색종이는 **497**장입니다.

**07** 백의 자리 숫자가 **500**을 나타내면 백의 자리 숫자는 **5**입니다.
십의 자리 숫자가 **80**을 나타내면 십의 자리 숫자는 **8**입니다.
일의 자리 숫자가 **3**을 나타내면 일의 자리 숫자는 **3**입니다.
구하려는 세 자리 수는 **583**입니다.

**08** (1) <u>7</u>77에서 밑줄 친 **7**은 십의 자리 숫자이고 **70**을 나타냅니다.
(2) <u>8</u>92에서 밑줄 친 **8**은 백의 자리 숫자이고 **800**을 나타냅니다.

**09** 백의 자리 숫자가 가장 큰 **904**가 가장 큰 수입니다.
**904**에서 **10**씩 **5**번 뛰어 센 수는 **954**입니다.

**10** (1) **539**에서 **100**씩 뛰어 세면
**5**39－**6**39－**7**39－**8**39입니다.
**539**에서 **100**씩 **3**번 뛰어 센 수는 **839**입니다.

(2) **252**에서 **10**씩 뛰어 세면
2**5**2－2**6**2－2**7**2－2**8**2－2**9**2입니다.
**252**에서 **10**씩 **4**번 뛰어 센 수는 **292**입니다.

**11** **10**씩 거꾸로 뛰어 세면 십의 자리 숫자가 **1**씩 작아집니다.
6**5**1－6**4**1－6**3**1－6**2**1－6**1**1

**12** **585**보다 **1**만큼 더 큰 수는 **586**입니다.
**585**보다 **10**만큼 더 큰 수는 **595**입니다.
**585**보다 **100**만큼 더 큰 수는 **685**입니다.

**13** 세 수의 백의 자리 숫자는 모두 같으므로 십의 자리 숫자의 크기를 비교하면 **675**와 **671**이 **680**보다 작습니다.
일의 자리 숫자를 비교하면 **675**>**671**이므로 가장 작은 수는 **671**입니다.

**14** 예 백의 자리 숫자가 같을 때 십의 자리 숫자의 크기를 비교하면 **4**>□이므로 □ 안에 들어갈 수 있는 숫자는 **0, 1, 2, 3**입니다.
백의 자리 숫자와 십의 자리 숫자가 같을 때 일의 자리 숫자의 크기가 작을수록 수가 더 작으므로 □ 안에 **4**도 들어갈 수 있습니다.
□ 안에 들어갈 수 있는 숫자는 모두 **0, 1, 2, 3, 4**로 **5**개입니다.

| 채점 기준 | |
|---|---|
| 상 | □ 안에 들어갈 수 있는 숫자의 개수를 구하고 풀이 과정을 바르게 설명했습니다. |
| 중 | □ 안에 들어갈 수 있는 숫자의 개수를 구했으나 풀이 과정을 설명하지 못했습니다. |
| 하 | □ 안에 들어갈 수 있는 숫자의 개수를 구하지 못했습니다. |

**15** 가장 큰 세 자리 수를 만들려면 가장 큰 수부터 백의 자리에 놓으면 되므로 **985**입니다.
가장 작은 세 자리 수를 만들려면 가장 작은 수부터 백의 자리에 놓으면 되므로 **589**입니다.

## 2단원 핵심 + 문제 복습 ▶▶▶  10~11쪽

**01** 다, 바  **02** 가, 라

**03** 나  **04** ㉢

**05**

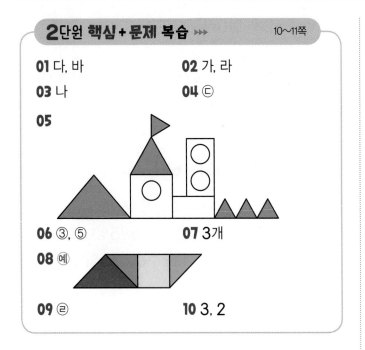

**06** ③, ⑤  **07** 3개

**08** 예

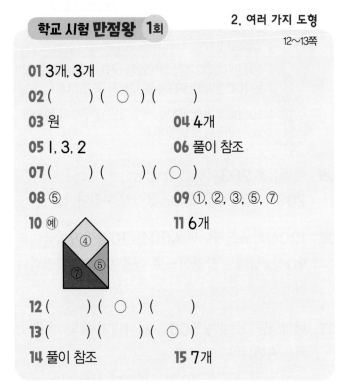

**09** ㉣  **10** 3, 2

---

**01** 곧은 선 **3**개로 둘러싸인 도형을 찾으면 다, 바입니다.

**02** 곧은 선 **4**개로 둘러싸인 도형을 찾으면 가, 라입니다.

**03** 어느 쪽에서 보아도 똑같이 동그란 모양의 도형을 찾으면 나입니다.

**04** 크기는 서로 다르지만 모양은 항상 같은 도형은 ㉢ 원입니다.

**05** 곧은 선 **3**개로 둘러싸인 도형을 찾아 색칠합니다.

**06** 우리 주변에서 사각형을 찾을 수 있는 물건은 ③ 스케치북과 ⑤ 태극기입니다.

**07** 색종이를 점선을 따라 잘랐을 때 생기는 도형은 삼각형 **5**개, 사각형 **2**개입니다.
삼각형은 사각형보다 **5** − **2** = **3**(개) 더 많습니다.

**08** 가장 큰 빨간색 모양 조각의 위치를 먼저 정합니다.

**09** 왼쪽 모양에서 쌓기나무 **1**개를 빼내어 오른쪽과 똑같은 모양을 만들려면 **1**층 쌓기나무의 왼쪽 뒤에 있는 쌓기나무 **1**개를 빼내야 합니다.
빼내야 할 쌓기나무는 ㉣입니다.

**10** 쌓기나무를 쌓은 모양을 살펴보면 **1**층에 쌓기나무 **3**개가 옆으로 나란히 있고, 가운데 쌓기나무 위에 쌓기나무 **2**개가 있습니다.

## 학교 시험 만점왕 1회

2. 여러 가지 도형
12~13쪽

**01** 3개, 3개

**02** ( ) ( ○ ) ( )

**03** 원  **04** 4개

**05** 1, 3, 2  **06** 풀이 참조

**07** ( ) ( ) ( ○ )

**08** ⑤  **09** ①, ②, ③, ⑤, ⑦

**10** 예

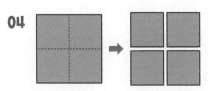

**11** 6개

**12** ( ) ( ○ ) ( )

**13** ( ) ( ) ( ○ )

**14** 풀이 참조  **15** 7개

---

**01** 삼각형의 변과 꼭짓점은 각각 **3**개입니다.

**02**  ➡ 원

 ➡ 삼각형

 ➡ 사각형

**03** 굽은 선으로만 되어 있고 꼭짓점이 없으며 어느 방향에서 보아도 같은 모양인 것은 원입니다.

**04**

색종이를 그림과 같이 접었다 펼친 다음 접힌 선을 따라 잘라 만들어진 사각형은 **4**개입니다.

**05** 원은 꼭짓점이 없고, 사각형은 꼭짓점이 **4**개 있고, 삼각형은 꼭짓점이 **3**개 있습니다.

**06** ⑩ 삼각형은 곧은 선으로만 이루어져야 하는데 주어진 도형은 굽은 선이 있기 때문에 삼각형이 아닙니다.

**07** 물건의 본을 떠서 원을 그릴 수 있는 것은 컵입니다.

**08** 원의 모양은 같지만 크기가 항상 같은 것은 아닙니다.

**09** 곧은 선 **3**개로 둘러싸인 도형은 ①, ②, ③, ⑤, ⑦입니다.

**10** ⑦의 위치를 먼저 정합니다.

**11** 주어진 모양과 똑같은 모양으로 쌓으려면 필요한 쌓기나무는 **6**개입니다.

**12**
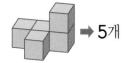 ➡ **5**개

 ➡ **4**개

 ➡ **5**개

**13** 쌓기나무 **3**개를 **1**층에 놓고, **2**층에 **1**개를 더 놓아 쌓은 모양은  입니다.

**14** ⑩ [같은 점] 곧은 선으로만 이루어져 있습니다.
[다른 점] 꼭짓점의 수와 변의 수가 다릅니다.

**15** 작은 사각형 **1**개, **2**개, **4**개로 되어 있는 사각형을 각각 찾습니다.
작은 사각형 **1**개짜리: **4**개
작은 사각형 **2**개짜리: **2**개
작은 사각형 **4**개짜리: **1**개
➡ (찾을 수 있는 크고 작은 사각형의 수)
$= 4 + 2 + 1 = 7$(개)

**BOOK 2**

실전책

**학교 시험 만점왕 2회**

2. 여러 가지 도형
14~15쪽

**01** (위에서부터) 3, 4 / 3, 4

**02** 삼각형, 사각형

**03**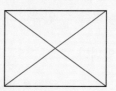

**04** 7

**05** 풀이 참조

**06** ㉢, ㉣

**07** 3개

**08** ①, ④, ⑤

**09** 7개

**10** 5개

**11** ⑩

**12** 지원

**13** ㉠

**14** 3, 오른쪽, 앞, 1

**15** 풀이 참조, 2개

**01** 삼각형은 변과 꼭짓점이 각각 **3**개이고, 사각형은 변과 꼭짓점이 각각 **4**개입니다.

**02**

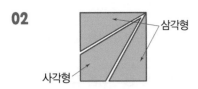

**03** 삼각형 **4**개가 생기도록 곧은 선 **2**개를 긋습니다.

**04** ㉠ 삼각형의 변의 수는 **3**입니다.
ㄴ 사각형의 꼭짓점의 수는 **4**입니다.
ㄷ 원의 꼭짓점의 수는 **0**입니다.
➡ ㉠+ㄴ−ㄷ=**3**+**4**−**0**=**7**

**05** ⟨예⟩ 원은 굽은 선으로만 이루어져야 하는데, 주어진 도형은 곧은 선이 있기 때문입니다.

| 채점 기준 | |
|---|---|
| 상 | 원의 모양이나 성질을 이용하여 원이 아닌 이유를 바르게 설명했습니다. |
| 중 | 원의 모양이나 성질을 알고는 있으나 원이 아닌 이유를 설명하지 못했습니다. |
| 하 | 원이 아닌 이유를 설명하지 못했습니다. |

**06** 삼각형과 사각형은 곧은 선으로 둘러싸여 있고, 뾰족한 부분이 있습니다.

**07** 주어진 그림에서 원은 **3**개입니다.

**08** 원은 뾰족한 부분이 없고 굽은 선으로만 되어 있으며, 모양은 같지만 크기는 다를 수 있습니다.

**09** 칠교판 조각은 모두 **7**개입니다.

**10** 삼각형 모양은 ①, ②, ③, ⑤, ⑦로 모두 **5**개입니다.

**11** 가장 큰 ⑦의 위치를 먼저 정합니다.

**12** 지원이는 쌓기나무 **4**개를 사용하였고, 무영이는 쌓기나무 **5**개를 사용하였습니다.
쌓기나무를 더 적게 사용한 친구는 지원이입니다.

**13** 쌓기나무 **3**개가 옆으로 나란히 있고, 가장 오른쪽 쌓기나무 위에 **1**개를 쌓은 모양은 ㉠입니다.

**14** 쌓기나무 **3**개를 옆으로 나란히 놓고 가장 오른쪽 쌓기나무의 앞과 뒤에 쌓기나무를 **1**개씩 놓습니다.

**15** ⟨예⟩

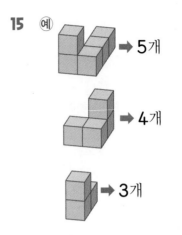

쌓기나무의 수가 가장 많은 것과 가장 적은 것의 쌓기나무 수의 차는 **5**−**3**=**2**(개)입니다.

| 채점 기준 | |
|---|---|
| 상 | 각각의 쌓기나무 수를 구하여 쌓기나무의 수가 가장 많은 것과 가장 적은 것의 쌓기나무 수의 차를 바르게 구했습니다. |
| 중 | 각각의 쌓기나무 수를 구하였으나 쌓기나무의 수가 가장 많은 것과 가장 적은 것의 쌓기나무 수의 차를 구하지 못했습니다. |
| 하 | 각각의 쌓기나무 수를 구하지 못하여 답을 구하지 못했습니다. |

**01** (1) 34 (2) 52      **02** 84

**03** (위에서부터) 121, 114

**04** (1) 14 (2) 46

**05** 28      **06** 35

**07** (계산 순서대로) 34, 9, 9

**08** (1) 77 (2) 63

**09** 91−52=39, 91−39=52

**10** 25

---

**01** (1)
$$\begin{array}{r} 1\phantom{0} \\ 2\ 6 \\ +\ \ \ 8 \\ \hline 3\ 4 \end{array}$$
(2)
$$\begin{array}{r} 1\phantom{0} \\ 4\ 7 \\ +\ \ \ 5 \\ \hline 5\ 2 \end{array}$$

**02**
$$\begin{array}{r} 1\phantom{0} \\ 1\ 6 \\ +\ 6\ 8 \\ \hline 8\ 4 \end{array}$$

**03** 86+35=121
86+28=114

**04** (1)
$$\begin{array}{r} 1\ 10 \\ \not{2}\ 3 \\ -\ \ \ 9 \\ \hline 1\ 4 \end{array}$$
(2)
$$\begin{array}{r} 4\ 10 \\ \not{5}\ 4 \\ -\ \ \ 8 \\ \hline 4\ 6 \end{array}$$

**05** 10이 6개인 수는 60이고, 10이 3개, 1이 2개인 수는 32입니다.
➡ 60−32=28

**06** 53−25=28 ➡ ●=28
25−18=7 ➡ ▲=7
●와 ▲의 합은 28+7=35입니다.

**07** 15에 19를 먼저 더하고 25를 뺍니다.
15+19−25=34−25=9

**08** (1) 43+19+15=62+15=77
(2) 56−28+35=28+35=63

**09** 52+39=91    52+39=91
91−52=39    91−39=52

**10** 16+□=41 ➡ 41−16=□ ➡ □=25

---

**01** 21      **02** (1) 31 (2) 92

**03** <      **04** 29

**05** ㉡      **06** 15개

**07** 풀이 참조, 32

**08** (계산 순서대로) 37, 37, 62, 62

**09** 50      **10** 36자루

**11** 76−28=48, 76−48=28

**12** 52, 17

**13** 35+17=52, 17+35=52

**14** 54

**15** 풀이 참조, 77

---

**01** 일 모형 11개는 십 모형 1개와 일 모형 1개와 같습니다.

**02** (1)
$$\begin{array}{r} 1\phantom{0} \\ 1\ 8 \\ +\ 1\ 3 \\ \hline 3\ 1 \end{array}$$
(2)
$$\begin{array}{r} 1\phantom{0} \\ 5\ 7 \\ +\ 3\ 5 \\ \hline 9\ 2 \end{array}$$

**03** 67+45=112, 28+95=123
➡ 112<123

**04**
$$\begin{array}{r} 5\ 10 \\ \not{6}\ 7 \\ -\ 3\ 8 \\ \hline 2\ 9 \end{array}$$

**05** ㉠ 30−16=14
㉡ 40−27=13
㉢ 50−12=38
계산 결과가 가장 작은 것은 ㉡입니다.

**06** (남은 고구마 수)
　＝(가지고 있던 고구마 수)
　　－(친구에게 준 고구마 수)
　＝32－17＝15(개)

**07** 예 10이 7개인 수는 70입니다.
　10이 3개, 1이 8개인 수는 38입니다.
　두 수의 차는 70－38＝32입니다.

**08** 세 수의 계산은 앞에서부터 두 수씩 순서대로 계산합니다.

**09** 45＋28－23＝73－23＝50

**10** (남은 연필 수)＝(선생님께서 가지고 오신 연필 수)
　　　　　　　　－(1교시에 나누어 주신 연필 수)
　　　　　　　　－(2교시에 나누어 주신 연필 수)
　　　　　　＝83－28－19
　　　　　　＝55－19＝36(자루)

**11**
28＋48＝76　　　28＋48＝76
76－28＝48　　　76－48＝28

**12** 계산 결과의 십의 자리 숫자가 3이므로 십의 자리의 차가 3이거나 4가 되는 수 카드를 선택하여 차를 구해 봅니다.
　46－17＝29
　52－17＝35 ( ○ )
　52－28＝24

**13**
52－17＝35　　　52－17＝35
35＋17＝52　　　17＋35＝52

**14** □－38＝16 ➡ 16＋38＝□ ➡ □＝54

**15** 예 어떤 수를 □로 하면
　□－6＝48 ➡ 48＋6＝□ ➡ □＝54
어떤 수는 54이므로 어떤 수보다 23 큰 수는
54＋23＝77입니다.

**학교 시험 만점왕 2회**　　　3. 덧셈과 뺄셈
20~21쪽

**01** ( 　 ) ( ○ )　　　　**02** 91
**03** ㉡, ㉠, ㉢　　　　　　**04** 28
**05** (위에서부터) 27, 19, 13, 5
**06** 83－17에 ○표
**07** (계산 순서대로) 45, 71, 71
**08**
**09** 풀이 참조, 32

**10** 38＋39＝77, 39＋38＝77
**11** 44 / 44, 18 / 44, 26, 18
**12** 35, 35　　　　**13** 20－□＝9
**14** ㉡　　　　　**15** 풀이 참조, 28

**01**
```
  1
  5 4        3 6
+   8      +   8
  6 2        4 4
```
**02**
```
  1
  2 7
+ 6 4
  9 1
```

**03** ㉠ $56+47=103$
㉡ $38+88=126$
㉢ $63+29=92$
계산 결과가 큰 순서대로 기호를 쓰면 ㉡, ㉠, ㉢입니다.

**04** $33>5$이므로
$33-5=28$입니다.

**05** $40-13=27$
$27-8=19$
$40-27=13$
$13-8=5$

**06** $25+38=63$
$77-19=58$, $83-17=66$, $91-29=62$
□ 안에 들어갈 수 있는 뺄셈식은 $83-17$입니다.

**07** $84-39+26=71$
        $45$
              $71$

**08** $23+48+19=71+19$
                $=90$
$37-16+45=21+45$
                $=66$
$55-19-23=36-23$
                $=13$

**09** 예 $13+28-8=41-8=33$
➡ $33>$□이므로 □ 안에 들어갈 수 있는 수 중에서 가장 큰 수는 $32$입니다.

| 채점 기준 | |
|---|---|
| 상 | 세 수의 계산을 하고 □ 안에 들어갈 수 있는 수 중 가장 큰 수를 바르게 구했습니다. |
| 중 | 세 수의 계산을 바르게 하였으나 □ 안에 들어갈 수 있는 수 중 가장 큰 수를 구하지 못했습니다. |
| 하 | 세 수의 계산을 잘못하여 답을 구하지 못했습니다. |

**10** $77-39=38$       $77-39=38$
$38+39=77$       $39+38=77$

**11** $18+26=44$       $18+26=44$
$44-18=26$       $44-26=18$

**12** $37+$□$=72$
➡ $72-37=$□
➡ □$=35$

**13** 덜어낸 구슬 수를 □라 하면
$20-$□$=9$입니다.

**14** ㉡ $73$에서 어떤 수를 빼면 $46$입니다.
➡ $73-$□$=46$

**15** 예 (어떤 수)$+38=66$이므로 식으로 나타내면
□$+38=66$입니다.
□$+38=66$ ➡ $66-38=$□ ➡ □$=28$

| 채점 기준 | |
|---|---|
| 상 | □를 사용하여 식을 세우고 어떤 수를 바르게 구했습니다. |
| 중 | □를 사용하여 식을 세웠으나 어떤 수를 구하지 못했습니다. |
| 하 | □를 사용하여 식을 세우지 못하여 답을 구하지 못했습니다. |

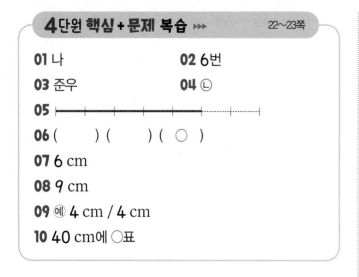

**01** 나    **02** 6번

**03** 준우    **04** ㉡

**05**

**06** (      ) (      ) ( ○ )

**07** 6 cm

**08** 9 cm

**09** 예 4 cm / 4 cm

**10** 40 cm에 ○표

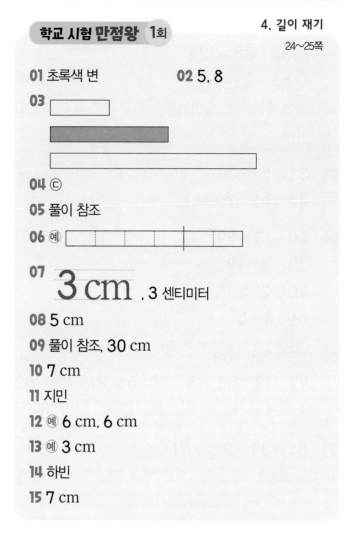

**01** 초록색 변    **02** 5, 8

**03**

**04** ㉢

**05** 풀이 참조

**06** 예

**07** **3 cm** , 3 센티미터

**08** 5 cm

**09** 풀이 참조, 30 cm

**10** 7 cm

**11** 지민

**12** 예 6 cm, 6 cm

**13** 예 3 cm

**14** 하빈

**15** 7 cm

---

**01** 한쪽 끝이 맞춰져 있으므로 다른 쪽 끝을 비교해 보면 많이 나온 나의 길이가 더 깁니다.

**02** 붓의 길이를 집게로 재면 **6**번입니다.

**03** 뼘으로 재었으므로 한 뼘의 길이가 길수록 잰 횟수가 더 적습니다.
민수의 손으로 **8**뼘쯤, 준우의 손으로 **7**뼘쯤이었으므로 준우의 뼘의 길이가 더 깁니다.

**04** 1 cm가 **2**번인 종이 띠는 ㉡입니다.

**05** 한 칸의 길이가 1 cm이므로 **5**칸만큼 점선을 따라 선을 긋습니다.

**06** 클립의 한쪽 끝을 자의 눈금 **0**에 맞추고 클립과 자를 나란하게 놓습니다.

**07** 자로 재어 보면 풀의 길이는 **6 cm**입니다.

**08** 한쪽 끝이 눈금 9와 **10** 사이에 있고, **9**에 더 가까우므로 과자의 길이는 약 **9 cm**라고 할 수 있습니다.

**09** 엄지손톱으로 재어 보면 엄지손톱 **4**번쯤이므로 바늘의 길이는 약 **4 cm**라고 어림할 수 있고, 자로 재어 보면 **4 cm**입니다.

**10** 무릎에서 발바닥까지의 길이는 **40 cm**에 가장 가깝습니다.

**01** 초록색 변의 길이는 색 막대보다 짧고, 빨간색 변의 길이는 색 막대의 길이와 같습니다.
더 짧은 변은 초록색 변입니다.

**02** 창문의 긴 쪽의 길이는 연필로 **5**번이고, 풀로 **8**번입니다.

**03** 첫 번째 막대는 엄지손톱으로 **2**번쯤이고, 세 번째 막대는 엄지손톱으로 **7**번쯤입니다.

**04** 단위길이가 길수록 잰 횟수는 적습니다. 가장 길이가 긴 단위는 ㉢입니다.

**05** 예 사람마다 뼘의 길이는 모두 다릅니다.
같은 길이를 재더라도 잰 사람에 따라 뼘의 수가 다를 수 있습니다.

**07** 머리핀은 1 cm가 3번이므로 3 cm입니다.

**08** 길이가 가장 긴 변을 자로 길이를 재어 보면 5 cm입니다.

**09** 6+6+6+6+6=30이므로 6 cm가 5번이면 그림책의 긴 쪽의 길이는 약 30 cm입니다.

| 채점 기준 | |
|---|---|
| 상 | 6 cm를 5번 더하면 그림책의 긴 쪽의 길이가 됨을 알고 답을 바르게 구했습니다. |
| 중 | 6 cm를 5번 더하면 그림책의 긴 쪽의 길이가 된다는 것을 알지만 답을 구하지 못했습니다. |
| 하 | 6 cm를 5번 더하는 것을 이해하지 못하여 답을 구하지 못했습니다. |

**10** 한쪽 끝이 눈금 6과 7 사이에 있고, 7에 더 가까우므로 포크의 길이는 약 7 cm라고 할 수 있습니다.

**11** 자로 잰 길이가 40 cm입니다.
가장 가깝게 어림한 사람은 약 38 cm로 어림한 지민입니다.

**12** 지갑의 긴 쪽의 길이를 자로 재면 6 cm입니다.

**13** 나의 길이는 가의 길이를 반으로 나눈 것의 길이입니다.
3+3=6이므로 나의 길이는 약 3 cm입니다.

**14** 만점왕 문제집의 긴 쪽의 길이는 약 30 cm입니다.

**15** 분홍색 리본은 4 cm이고, 연두색 리본은 3 cm입니다. 분홍색 리본과 연두색 리본의 길이를 더하면 7 cm입니다.

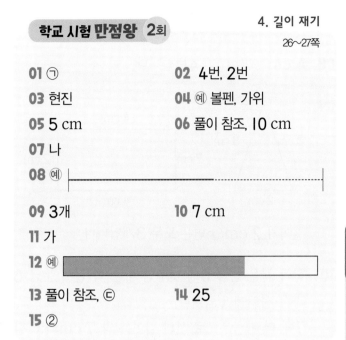

**01** ㉠

**02** 4번, 2번

**03** 현진

**04** 예 볼펜, 가위

**05** 5 cm

**06** 풀이 참조, 10 cm

**07** 나

**08** 예 |————————————————————|

**09** 3개

**10** 7 cm

**11** 가

**12** 예

**13** 풀이 참조, ㉢

**14** 25

**15** ②

**02** 우유팩의 긴 쪽의 길이는 초록색 막대로 4번이고, 짧은 쪽 길이는 초록색 막대로 2번입니다.

**03** 같은 길이를 재었을 때 단위길이가 길수록 잰 횟수가 더 적습니다.
현진이의 연필로는 10번, 태윤의 연필로는 12번이므로 더 긴 연필을 가진 친구는 현진이입니다.

**05** 머리핀을 왼쪽으로 옮겨 눈금 2에 있는 한쪽 끝을 눈금 0에 맞추면 눈금 7에 있는 다른 쪽 끝은 눈금 5에 오게 됩니다.

**06** 예 파란색 선의 길이는 1 cm가 10개입니다.
1 cm가 10번이면 10 cm이므로 파란색 선의 길이는 10 cm입니다.

| 채점 기준 | |
|---|---|
| 상 | 파란색 선에 1 cm가 몇 개 들어 있는지 구하여 파란색 선의 길이를 바르게 구했습니다. |
| 중 | 파란색 선에 1 cm가 몇 개 들어 있는지 구하였으나 파란색 선의 길이를 구하지 못했습니다. |
| 하 | 파란색 선에 1 cm가 몇 개 들어 있는지 구하지 못하여 파란색 선의 길이를 구하지 못했습니다. |

BOOK
2

실전책

**07** 자로 재어 보면 **7 cm**인 색테이프는 **나** 입니다.

**08** **4 cm**는 **l cm**가 **4**번입니다.

**09**

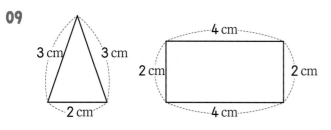

길이가 **2 cm**인 변은 모두 **3**개입니다.

**10** 한쪽 끝을 눈금 **0**에 맞추면 다른 쪽 끝이 눈금 **6**과 **7** 사이에 있습니다.
**7**에 더 가까우므로 선의 길이는 약 **7 cm**라고 할 수 있습니다.

**11** 가는 **l cm**가 **3**번보다 조금 덜 들어갑니다.
나는 **l cm**가 **3**번보다 조금 더 들어갑니다.
**2 cm**보다 길고 **3 cm**보다 짧은 클립은 가입니다.

**12** **2 cm** 막대와 **3 cm** 막대를 더한 것만큼 색칠합니다. 자로 재었을 때 **5 cm**에 가까우면 정답으로 인정합니다.

**13** **㉮** 크레파스의 길이는 **l cm**가 **5**번과 **6**번 사이에 있는데 **5**번에 가까우므로 약 **5 cm**라고 할 수 있습니다.
크레파스의 길이를 바르게 나타낸 것은 **ⓒ** 약 **5 cm**입니다.

**14** 오이의 길이는 약 **25 cm**입니다.

**15** 몸의 부분 중 **30 cm**에 가장 가까운 것은 **②**입니다.

---

**5단원 핵심 + 문제 복습** ▸▸▸  28~29쪽

**01** ⓒ, ㉢

**02** ㉠, ㉢, ㉣, ㉤, ㉥ / ⓒ, ㉧, ㉨

**03**

| 모양 | ❀ | ✾ |
|---|---|---|
| 세면서 표시하기 | 丿卄卄 | 卄卄 丿丿 |
| 그림 수(개) | 5 | 7 |

**04** 4, 6, 2　　　　　**05** 3, 4, 5

**06** 김밥

**01** ㉠ 예쁜 것과 예쁘지 않은 것, ㉣ 비싼 것과 비싸지 않은 것은 기준이 명확하지 않습니다.

**04** 색깔별로 그림 수를 표시하면서 세어 보면 각각 빨간색은 **4**개, 노란색은 **6**개, 보라색은 **2**개입니다.

**05** 음식별로 학생 수를 표시하면서 세어 보면 각각 스파게티는 **3**명, 햄버거는 **4**명, 김밥은 **5**명입니다.

**06** 먹고 싶은 친구가 가장 많은 음식은 **5**명인 김밥입니다.

**학교 시험 만점왕** **1**회　　　　**5. 분류하기**
30~31쪽

**01** ( × )　　　　　**02** 풀이 참조
　　( 　 )　　　　　**03** 색깔
　　( 　 )

**04** ㉠, ㉢, ㉥ / ㉣, ㉧, ⓒ, ㉨ / ⓒ, ㉡, ㉦

**05** ㉠, ㉣, ㉦ / ⓒ, ㉢, ⓒ / ⓒ, ㉥, ㉧, ㉨

**06** ㉠, ㉧ / ⓒ, ㉡, ㉢, ⓒ, ㉨ / ㉣, ㉥

**07** 5, 5　　　　　**08** 4, 6

**09** 3, 7, 2　　　　**10** 짬뽕

**11** 3, 4, 8　　　　**12** 6장

**13** 풀이 참조, 축구

**01** 분류 기준을 정할 때는 누가 분류하더라도 같은 결과가 나올 수 있는 기준으로 정해야 합니다.

**02** ㉔ 빨대가 있는 것과 빨대가 없는 것으로 분류할 수 있습니다.
무늬가 있는 것과 무늬가 없는 것으로 분류할 수 있습니다.
색깔이 노란색인 것과 빨간색인 것으로 분류할 수 있습니다.

**07** 손잡이 개수별로 양치 컵 수를 표시하면서 세어 보면 각각 **0**개는 **5**개, **1**개는 **5**개입니다.

**08** 무늬별로 양치 컵 수를 표시하면서 세어 보면 각각 무늬 있는 것은 **4**개, 무늬 없는 것은 **6**개입니다.

**09** 종류별로 음식 수를 표시하면서 세어 보면 각각 짜장면은 **3**개, 짬뽕은 **7**개, 탕수육은 **2**개입니다.

**10** 친척들이 가장 많이 주문한 음식은 **7**개인 짬뽕입니다.

**11** 종류별로 물건 수를 표시하면서 세어 보면 각각 옷은 **3**개, 모자는 **4**개, 손수건은 **8**개입니다.

**12**

| 무늬 | 있음 | 없음 |
| --- | --- | --- |
| 손수건 수(장) | 7 | 1 |

무늬가 있는 손수건과 무늬가 없는 손수건의 수가 같게 하려면 무늬가 없는 손수건을 **7**−**1**=**6**(장) 더 사야 합니다.

**13** ㉔ 운동별로 분류하여 세어 보면 다음과 같습니다.

| 운동 | 축구 | 피구 | 야구 | 농구 |
| --- | --- | --- | --- | --- |
| 학생 수(명) | 6 | 4 | 2 | 3 |

학생 수가 가장 많은 축구를 체육 시간에 하면 좋습니다.

**01**    **02** ㉣

**03** ㉔ 아이스크림 모양에 따라 분류할 수 있습니다.

**04** 독수리, 참새 / 코끼리, 말, 사자, 기린, 사슴 / 상어, 돌고래

**05** ㉠, ㉡, ㉣, ㉤ / ㉢, ㉥ / ㉨, ㉦

**06** 하늘

**07** 3, 5, 4

**08** 2, 6, 4    **09** 2장

**10** 풀이 참조, 역사책, 3권

**11** 15, 3, 8

**12** 풀이 참조, 농구공, 배구공

**13** 겨울 / 5

**01** 주어진 그림에 알맞은 기준을 찾아봅니다.

**02** ㉠ 크기를 기준으로 분류할 수 있습니다.
㉡, ㉢ 색깔을 기준으로 분류할 수 있습니다.

**03** 맛에 따라 분류할 수도 있습니다.

**04** 분류한 다음에는 빠뜨린 것이 없는지 확인해 봅니다.

**06** 비행기는 하늘에서 이용하는 것에 분류할 수 있습니다.

**07** 자릿수에 따라 카드 수를 표시하면서 세어 보면 한 자리 수는 **3**장, 두 자리 수는 **5**장, 세 자리 수는 **4**장입니다.

**08** 색깔에 따라 카드 수를 표시하면서 세어 보면 주황색은 **2**장, 보라색은 **6**장, 초록색은 **4**장입니다.

**09** 보라색인 수 카드는 **6**장이고, 이 중 세 자리 수인 수 카드는 [121], [100]으로 **2**장입니다.

**10** ⑩ 집에 있는 종류별 책 수가 같아지기 위해서는 수가 적은 역사책을 더 사야 합니다.
역사책을 **4-1=3**(권) 더 사야 합니다.

| 채점 기준 | |
|---|---|
| 상 | 가장 적은 책이 무엇인지 알고 몇 권을 더 사야 하는지 바르게 구했습니다. |
| 중 | 가장 적은 책이 무엇인지 구했으나 몇 권을 더 사야 하는지 구하지 못했습니다. |
| 하 | 어느 책을 더 사야 하는지 알지 못하여 답을 구하지 못했습니다. |

**12** ⑩ 가장 큰 상자에는 개수가 가장 많은 공을 넣고, 가장 작은 상자에는 개수가 가장 적은 공을 넣으면 좋습니다.
가장 큰 상자에는 농구공을, 가장 작은 상자에는 배구공을 넣으면 됩니다.

| 채점 기준 | |
|---|---|
| 상 | 가장 큰 상자와 가장 작은 상자에 넣을 공을 정하는 이유를 알고 바르게 구했습니다. |
| 중 | 가장 큰 상자와 가장 작은 상자에 넣을 공을 정하였으나 이유를 쓰지 못했습니다. |
| 하 | 가장 큰 상자와 가장 작은 상자에 넣을 공을 정하는 이유를 모르고 구하지 못했습니다. |

**13** ㉠을 뺀 계절별 친구 수는 봄이 **4**명, 여름이 **6**명, 가을이 **5**명, 겨울이 **2**명입니다.
㉠을 포함하여 센 것과 친구 수가 다른 것은 겨울입니다.
➡ ㉠: 겨울, ㉡: **5**

---

**6단원 핵심+문제 복습** ▶▶▶          34~35쪽

**01** 12, 12                **02** 6, 8, 10, 12, 12
**03** 12                    **04** 16, 24, 32, 40
**05** 40개                  **06** 6
**07** 6, 24                 **08** 24
**09** 6+6+6+6+6=30
**10** 4×5=20

**03** 쌓기나무를 **3**개씩 묶어서 세어 보면
**3-6-9-12**이므로 모두 **12**개입니다.

**04** 빵을 **8**개씩 묶어 세면 **8-16-24-32-40**입니다.

**06** **4**씩 **6**묶음 ➡ **4**의 **6**배

**07** **4+4+4+4+4+4=24**

**09** **6**의 **5**배를 덧셈식으로 나타내면
**6×5=6+6+6+6+6=30**입니다.

**10** 서진이네 반 학생들을 한 모둠에 **4**명씩 **5**모둠으로 만들었으므로 서진이네 반 학생은
**4×5=4+4+4+4+4=20**(명)입니다.

**학교 시험 만점왕** 1회          6. 곱셈
                                  36~37쪽

**01** 6, 8, 10              **02** 10통
**03** 8, 12, 16            **04** 4, 4, 4, 16
**05** 6, 3                 **06** 5, 3, 5
**07** 9, 9, 9 / 9, 3
**08** 2×3 / 2×4
**09** 6, 48                **10** 풀이 참조, 13
**11** ㉠, ㉢               **12** ㉡
**13** 12개
**14** 3, 12 / 6, 12 / 2, 12
**15** 풀이 참조, 72개

**02** 수박은 2통씩 5묶음이므로 2의 5배로 10통입니다.

**04** 쌓기나무의 수를 덧셈식으로 나타내면
$4+4+4+4=16$입니다.

**05** 6씩 3묶음은 6의 3배입니다.

**06** 3씩 5묶음은 3의 5배입니다.

**07** 9씩 3묶음
➡ $9+9+9$
➡ $9×3$

**08** 2개씩 3묶음 ➡ $2×3$
2개씩 4묶음 ➡ $2×4$

**09** 코스모스 한 송이의 꽃잎이 8장이므로 코스모스 6송이의 꽃잎의 수는
$8×6=8+8+8+8+8+8=48$(장)입니다.

**10** 예 $2+2+2+2+2+2+2$는 2의 7배이므로 ㉠에 알맞은 수는 7입니다.
$5+5+5+5+5+5$는 5의 6배이므로 ㉡에 알맞은 수는 6입니다.
㉠과 ㉡에 알맞은 수의 합은 $7+6=13$입니다.

| 채점 기준 | |
|---|---|
| 상 | ㉠과 ㉡에 알맞은 수를 각각 구하여 ㉠과 ㉡에 알맞은 수의 합을 바르게 구했습니다. |
| 중 | ㉠과 ㉡에 알맞은 수를 각각 구하였으나 ㉠과 ㉡에 알맞은 수의 합을 구하지 못했습니다. |
| 하 | ㉠과 ㉡에 알맞은 수를 구하지 못하여 답을 구하지 못했습니다. |

**11** ㉡ 6의 8배 ➡ $6×8$
㉣ 7씩 4묶음 ➡ $7×4$

**12** ㉠ $4×7=4+4+4+4+4+4+4=28$
㉡ $6×5=6+6+6+6+6=30$
㉢ $7×4=7+7+7+7=28$
계산 결과가 다른 하나는 ㉡입니다.

**13** 도영이는 쿠키를 4개 먹었고, 예나는 도영이가 먹은 쿠키의 3배를 먹었으므로 예나가 먹은 쿠키는 $4×3=4+4+4=12$(개)입니다.

**14** 4개씩 3묶음 ➡ $4×3=12$
2개씩 6묶음 ➡ $2×6=12$
6개씩 2묶음 ➡ $6×2=12$

**15** 예 도넛이 한 상자에 9개씩 8상자 있으므로 도넛은
$9×8=9+9+9+9+9+9+9+9$
$=72$(개)입니다.

| 채점 기준 | |
|---|---|
| 상 | 곱셈식을 세워 답을 바르게 구했습니다. |
| 중 | 곱셈식은 세웠으나 답을 바르게 구하지 못했습니다. |
| 하 | 곱셈식을 세우지 못해서 답을 구하지 못했습니다. |

**학교 시험 만점왕 2회**

6. 곱셈
38~39쪽

**01** 16
**02** 6, 8, 10, 12, 14, 16, 16
**03** 12, 15, 18
**04** 6 / 18개
**05** 6, 3 / 6, 3
**06** 4 / 20송이
**07** 6, 6, 6, 6, 24 / 6, 4, 24
**08** 3, 12　　　　**09** 3, 5
**10** $8+8+8=24$　　**11**

**12** ㉡
**13** 풀이 참조, 5배
**14** 18명
**15** 풀이 참조, 43세

**01** 종이배를 하나씩 세어 보면 1, 2, 3, ... , 16으로 모두 16개입니다.

**02** 종이배를 2씩 뛰어서 세면 2, 4, 6, 8, 10, 12, 14, 16이므로 모두 16개입니다.

**03** 음료수를 3씩 묶어서 세면 3−6−9−12−15−18입니다.

**04** 음료수는 3씩 6묶음이므로 18개입니다.

**05** 한 상자에 컵라면이 6개씩 들어 있으므로 6씩 3묶음입니다.
6씩 3묶음은 6의 3배입니다.

**06** 화단의 꽃은 5송이씩 4묶음이므로 화단에 있는 꽃은 20송이입니다.

**07** 치즈는 6조각씩 4상자 있으므로 6+6+6+6=24(조각)입니다.
곱셈식으로 6×4=24입니다.

**08** 모자는 4개씩 3묶음이므로 4의 3배는 12입니다.

**09** 9+9+9=9×3
5+5+5+5+5=5×5

**10** 8의 3배는 8+8+8=24입니다.

**11** 8씩 3묶음 ➡ 8의 3배
9씩 2묶음 ➡ 9의 2배

**12** 비행기의 수를 곱셈식으로 나타내면 7씩 2묶음이므로 7×2=14입니다.

**13** 예 서우는 동화책을 2권, 지수는 동화책을 10권 가지고 있습니다.
2+2+2+2+2=2×5=10이므로 지수가 가진 동화책 수는 서우가 가진 동화책 수의 5배입니다.

**14** 훈이네 반 학생은 운동장에 9명씩 2줄로 섰습니다.
9×2=9+9=18이므로 훈이네 반 학생은 18명입니다.

**15** 예 9의 4배는 9×4=9+9+9+9=36입니다.
사랑이 나이는 9세이고 아버지의 나이는 사랑이 나이의 4배보다 7세 더 많으므로 아버지의 나이는 36+7=43(세)입니다.

# 세계적 베스트셀러
# 콜린스 빅캣 리더스 시리즈

## 원어민이 스토리를 들려주는
## EBS 무료 강의와 함께 재미있는 영어 독서

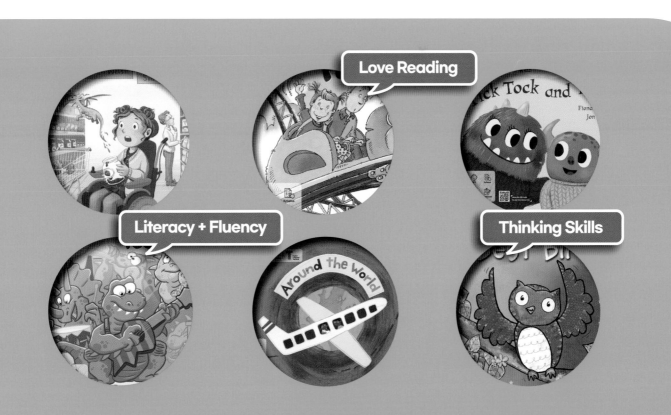

**200년 이상의 역사를 보유한 글로벌 Big 5 출판사인 Collins와 대한민국 공교육의 선두주자 EBS의 국내 최초 콜라보!**

Collins의 대표적인 시그니처 브랜드이자 수준별 독서 프로그램인 Big Cat을 EBS가 국내 학습트렌드를 반영하여 공교육 주제 연계 커리큘럼으로 재설계하여 개발한 EBS ELT(English Language Teaching) 교재로 만나 보세요. Collins Big Cat × EBS ELT는 영어 기초 문해력 발달부터 유창성 향상까지, 유치원~초중학 영어 읽기 학습을 완벽하게 지원해 주는 '수준별 리더스 프로그램(Guided Readers Program)'입니다.

##  Collins Big Cat × EBS ELT 교재 특장점

| 국내 최초 | 체계성 | 차별성 | 교육과정 연계 |
|---|---|---|---|
| 영국 출판사 Collins의 베스트셀링 리더스 시리즈의 한국 맞춤형 학습 교재 | 영미 공교육 커리큘럼에 맞춘 13단계의 섬세하고 정교한 커리큘럼 | 원서 스토리북(SB) 자체에 EBS만의 독서 전·중·후 활동 학습코너 추가하여 더욱 풍부한 수업 가능 | 국내 초등 교육과정 주제와 관련된 스토리들로 교과 배경지식 습득 가능 |

| Great Fun & High Quality | 확장성 | 무료 강의 | 풍부한 부가자료 |
|---|---|---|---|
| 유·초등학생의 흥미를 반영한 재미있는 스토리 + 최신 고품질 일러스트레이션과 실사 사진 | 워크북(WB)을 통해 스토리북(SB)에서 배운 어휘, 문장, 내용 이해 및 미니 프로젝트까지 확장 | 다채널 방송 플랫폼 무료 강의 및 VOD 다시보기 서비스 제공 | 워크북 외에도 MP3, 정답 PDF, 추가 액티비티 워크시트 등 제공 |

## Big Cat Curriculum | 리더스 프로그램 커리큘럼   총 13단계로 정교한 커리큘럼 구성   유치~초·중학생(추천 연령 4~14세)

| Big Cat 레벨 | | 주요 콘셉트 | 세부 학습 내용 |
|---|---|---|---|
| Band 1~2 | 유치 ~ 초등 초급 | Literacy Program | 파닉스 수준의 쉬운 단어 읽기부터, 문장을 정확하게 읽어 내는 연습을 통해 스스로 영어 스토리북을 읽고 이해하는 단계까지 학습! |
| Band 3~4 | 초등 초급 ~ 중급 | | |
| Band 5~8 | 초등 중급 ~ 고급 | Reading Comprehension | 어휘 확장, 배경지식 확장 및 Reading Comprehension Skills 향상 |
| Band 9~13 | 초등 고급 ~ 중학 | Academic Reading | Academic Vocabulary, 배경지식 확장 및 Higher Reading Comprehension Skills |

**1~4단계** 싱글패키지 54책 + 풀패키지 4세트 (2022년 4월 출시)    **5~13단계** 싱글패키지 86책 + 풀패키지 7세트 (2022년 9월, 10월 출시)

### Band 1   📖 12권

- 기초 어휘와 Sight Words를 충분히 연습할 수 있는 쉽고 짧은 스토리
- 영어 읽기에 익숙해지는 단계

### Band 2   📖 12권

- 패턴 문장들로 읽기 기초 및 자신감 향상
- 기초 어휘와 Sight Words 확장
- Retelling으로 재미있는 독서 마무리

### Band 3   📖 12권

- 다양한 문장 노출로 Fluency 향상
- 기초 어휘와 Sight Words 확장
- Story Structure, Retelling, Project 활동으로 재미있는 독서 마무리

### Band 4   📖 18권

- 다양한 주제와 문장으로 독서력 향상
- 어휘와 Sight Words 확장
- Story Structure, Retelling, Project 활동으로 재미있는 독서 마무리

---

 **Collins Big Cat × EBS ELT 교재 방송강의 시청** | EBS 1~2TV, PLUS 2, EBS English 채널

▶ **온라인 동영상 강의 다시보기** | EBS 초등 모바일앱과 EBS 초등사이트(primary.ebs.co.kr), 잉글리시 사이트(ebse.co.kr), 문해력 사이트(literacy.ebs.co.kr)

# EBS와 함께하는 자기주도 학습 초등·중학 교재 로드맵

| | | 예비 초등 | 1학년 | 2학년 | 3학년 | 4학년 | 5학년 | 6학년 |
|---|---|---|---|---|---|---|---|---|
| **전과목 기본서/평가** | | | **만점왕** 국어/수학/사회/과학<br>교과서 중심 초등 기본서 | | | **만점왕 통합본** 학기별(8책) HOT<br>바쁜 초등학생을 위한 국어·사회·과학 압축본 | | |
| | | | | **만점왕 단원평가** 학기별(8책)<br>한 권으로 학교 단원평가 대비 | | | | |
| | | | **기초학력 진단평가** 초2~중2<br>초2부터 중2까지 기초학력 진단평가 대비 | | | | | |
| **국어** | 독해 | | **4주 완성 독해력** 1~6단계<br>학년별 교과 연계 단기 독해 학습 | | | | | |
| | 문학 | | | | | | | |
| | 문법 | | | | | | | |
| | 어휘 | | **어휘가 독해다!** 초등 국어 어휘 1~2단계<br>1, 2학년 교과서 필수 낱말 + 읽기 학습 | | **어휘가 독해다!** 초등 국어 어휘 기본<br>3, 4학년 교과서 필수 낱말 + 읽기 학습 | | **어휘가 독해다!** 초등 국어 어휘 실력<br>5, 6학년 교과서 필수 낱말 + 읽기 학습 | |
| | 한자 | **참 쉬운 급수 한자** 8급/7급 II/7급<br>한자능력검정시험 대비 급수별 학습 | | **어휘가 독해다!** 초등 한자 어휘 1~4단계<br>하루 1개 한자 학습을 통한 어휘 + 독해 학습 | | | | |
| | 쓰기 | **참 쉬운 글쓰기** 1-따라 쓰는 글쓰기<br>맞춤법·받아쓰기로 시작하는 기초 글쓰기 연습 | | | **참 쉬운 글쓰기** 2-문법에 맞는 글쓰기/3-목적에 맞는 글쓰기<br>초등학생에게 꼭 필요한 기초 글쓰기 연습 | | | |
| | 문해력 | | **어휘/쓰기/ERI독해/배경지식/디지털독해가 문해력이다**<br>평생을 살아가는 힘, 문해력을 키우는 학기별·단계별 종합 학습 | | | | **문해력 등급 평가** 초1~중1<br>내 문해력 수준을 확인하는 등급 평가 | |
| **영어** | 독해 | **EBS ELT 시리즈** \| 권장 학년 : 유아 ~ 중1 | | | **EBS랑 홈스쿨 초등 영독해** Level 1~3<br>다양한 부가 자료가 있는 단계별 영독해 학습 | | | |
| | | EBS Big Cat<br>Collins **BIG CAT** — 다양한 스토리를 통한 영어 리딩 실력 향상 | | | | | **EBS 기초 영독해**<br>중학 영어 내신 만점을 위한 첫 영독해 | |
| | 문법 | EBS Big Cat<br>Shinoy and the Chaos Crew — 흥미롭고 몰입감 있는 스토리를 통한 풍부한 영어 독서 | | | **EBS랑 홈스쿨 초등 영문법** 1~2<br>다양한 부가 자료가 있는 단계별 영문법 학습 | | | |
| | | | | | | | **EBS 기초 영문법** 1~2 HOT<br>중학 영어 내신 만점을 위한 첫 영문법 | |
| | 어휘 | EBS easy learning<br>**easy learning** — 저연령 학습자를 위한 기초 영어 프로그램 | | | **EBS랑 홈스쿨 초등 필수 영단어** Level 1~2<br>다양한 부가 자료가 있는 단계별 영단어 테마 연상 종합 학습 | | | |
| | 쓰기 | | | | | | | |
| | 듣기 | | | | **초등 영어듣기평가 완벽대비** 학기별(8책)<br>듣기 + 받아쓰기 + 말하기 All in One 학습서 | | | |
| **수학** | 연산 | **만점왕 연산** Pre 1~2단계, 1~12단계<br>과학적 연산 방법을 통한 계산력 훈련 | | | | | | |
| | 개념 | | | | | | | |
| | 응용 | | **만점왕 수학 플러스** 학기별(12책)<br>교과서 중심 기본 + 응용 문제 | | | | | |
| | 심화 | | | | | **만점왕 수학 고난도** 학기별(6책)<br>상위권 학생을 위한 초등 고난도 문제집 | | |
| | 특화 | **초등 수해력** 영역별 P단계, 1~6단계(14책)<br>다음 학년 수학이 쉬워지는 영역별 초등 수학 특화 학습서 | | | | | | |
| **사회** | 사회<br>역사 | | | | **초등학생을 위한 多담은 한국사 연표**<br>연표로 흐름을 잡는 한국사 학습 | | | |
| | | | | | **매일 쉬운 스토리 한국사** 1~2 /**스토리 한국사** 1~2<br>하루 한 주제를 이야기로 배우는 한국사/ 고학년 사회 학습 입문서 | | | |
| **과학** | 과학 | | | | | | | |
| **기타** | 창체 | | **창의체험 탐구생활** 1~12권<br>창의력을 키우는 창의체험활동·탐구 | | | | | |
| | AI | | **쉽게 배우는 초등 AI** 1(1~2학년)<br>초등 교과와 융합한 초등 1~2학년 인공지능 입문서 | | **쉽게 배우는 초등 AI** 2(3~4학년)<br>초등 교과와 융합한 초등 3~4학년 인공지능 입문서 | | **쉽게 배우는 초등 AI** 3(5~6학년)<br>초등 교과와 융합한 초등 5~6학년 인공지능 입문서 | |